浙江省普通高校新形态教材项目
水利工程类现代学徒制系列教材

水 闸 工 程

主 编 刘进宝 王 雪
主 审 陈惠达

中国水利水电出版社
www.waterpub.com.cn
·北京·

内 容 提 要

  本书是浙江省普通高校"十三五"新形态教材，水利工程类现代学徒制系列教材之一，是编者在总结近几年水闸课程教学与改革实践经验基础上，校企合作联合编写而成的高职高专教材。本书重点介绍水闸设计、施工和管理的要求和方法，内容包括：水闸概述、水闸布置、水力计算、闸室稳定分析、闸室结构计算、施工组织设计、水闸运行管理。

  本书可作为各类高职高专院校水利工程、水利水电建筑工程专业，以及其他水利类专业的项目化课程教材，还可作为从事水利水电工程设计人员、施工组织和管理人员参考使用。

图书在版编目（C I P）数据

  水闸工程 / 刘进宝，王雪主编. -- 北京 : 中国水利水电出版社，2025.1
  浙江省普通高校新形态教材项目　水利工程类现代学徒制系列教材
  ISBN 978-7-5226-0284-4

  Ⅰ．①水… Ⅱ．①刘… ②王… Ⅲ．①水闸－水利工程－高等职业教育－教材 Ⅳ．①TV66

  中国版本图书馆CIP数据核字(2021)第251448号

书　　名	浙江省普通高校新形态教材项目 水利工程类现代学徒制系列教材 **水闸工程** SHUIZHA GONGCHENG
作　　者	主编　刘进宝　王　雪 主审　陈惠达
出版发行	中国水利水电出版社 （北京市海淀区玉渊潭南路1号D座　100038） 网址：www.waterpub.com.cn E-mail：sales@mwr.gov.cn 电话：(010) 68545888（营销中心）
经　　售	北京科水图书销售有限公司 电话：(010) 68545874、63202643 全国各地新华书店和相关出版物销售网点
排　　版	中国水利水电出版社微机排版中心
印　　刷	清淞永业（天津）印刷有限公司
规　　格	184mm×260mm　16开本　9.25印张　225千字
版　　次	2025年1月第1版　2025年1月第1次印刷
印　　数	0001—2000册
定　　价	**36.00元**

前言

  本书是贯彻落实《国务院关于加快发展现代职业教育的决定》《国家职业教育改革实施方案》《职业教育提质培优行动计划（2020－2023 年）》《中国教育现代化 2035》《教育部关于开展现代学徒制试点工作的意见》（教职成〔2014〕9 号）等文件精神，按照水利工程与管理类专业现代学徒制人才培养教学要求，校企合作编写而成。

  本书突出职业教育的特点，通过分析水闸设计、施工与管理的工作过程，着重培养学生的职业能力。编写过程中，按照项目化教学思路，突出问题导向开展教材编写，同时结合训练的内容配套相关视频或者动画，拓展了和该部分内容相关的水力学、土力学等相关知识点，学生能够更容易理解相关公式或者方法应用的背景，加强了对技术的应用。

  本书由浙江同济科技职业学院刘进宝（项目二）、王雪（项目四）任主编，郑荣伟（项目五）、彭晓兰（项目六）、浙江省水利河口研究院方春晖（项目七）、广东省水利电力勘测设计研究院有限公司朱文渊（项目一、项目三）任副主编，浙江艮威水利建设有限公司陈惠达任主审。

  浙江省水利水电勘测设计院肖钰、浙江江南春建设集团有限公司郭洪林等在本书编写过程中提出许多宝贵意见和建议，在此一并表示感谢。本书在编写过程中参考了大量文献，因篇幅有限未能在参考文献中一一注明出处，在此，谨向所有文献的作者表示感谢！

  由于作者水平有限，书中难免有不少缺点和不妥之处，恳切希望广大读者批评指正。

编者

2024 年 5 月

"行水云课"数字教材使用说明

　　"行水云课"水利职业教育服务平台是中国水利水电出版社立足水电、整合行业优质资源全力打造的"内容"＋"平台"的一体化数字教学产品。平台包含高等教育、职业教育、职工教育、专题培训、行水讲堂五大版块，旨在提供一套与传统教学紧密衔接、可扩展、智能化的学习教育解决方案。

　　本套教材是整合传统纸质教材内容和富媒体数字资源的新型教材，将大量图片、音频、视频、3D动画等教学素材与纸质教材内容相结合，用以辅助教学。读者可通过扫描纸质教材二维码查看与纸质内容相对应的知识点多媒体资源，完整数字教材及其配套数字资源可通过移动终端App"行水云课"微信公众号或中国水利水电出版社"行水云课"平台查看。

课件

水闸设计案例

习题

数 字 资 源 索 引

目录

项目 1　水　闸　概　述

【知识目标】

1. 了解水闸的工作特点。

2. 熟悉水闸的分等标准及洪水标准。

3. 掌握水闸的组成。

【能力目标】

1. 能看懂水闸设计资料。

2. 能读懂水闸工程设计图和施工图。

3. 会划分水闸的等别。

任务 1.1　水闸案例资料解读

问题思考：1. 水闸设计需要掌握哪些工程资料？

　　　　　2. 水闸设计的主要任务有哪些？

工作任务：根据设计资料，初步了解水闸基本情况。

考核要点：水闸设计数据的含义和作用，设计的主要任务；学习态度及团队协作能力。

1.1.1　水闸项目基本资料

1. 工程概况

A 闸水闸工程位于扁担港 2 河口处，闸轴线距扁担港 2 与焦头河交汇处约 450m。A闸设计流量为 42.84m³/s。

2. 水文气象

（1）气温：多年平均气温 17.6℃，最高气温 40.3℃（1961 年 7 月 23 日），最低气温 −9.9℃（1972 年 2 月 9 日）。

（2）降雨：多年平均年降雨量 1596mm，最大年降雨量 2356mm，最小年降雨量 1046.2mm。

（3）蒸发量：多年平均年蒸发量 1271.6mm，最大年蒸发量 1554mm（1966 年），最小年蒸发量 1003.3mm（1980 年）。

（4）风速、风向：多年平均风速 3.3m/s，多年平均最大风速 14.9m/s；最大风速 34m/s，风向为 NNE，出现在 1974 年 2 月。

3. 特征水位

根据水文分析，A 闸水闸特征水位详见表 1.1。

表 1.1 A 闸 特 征 水 位

换 水 工 况			挡 水 工 况		
焦头河（闸上）		支流（闸下）	焦头河（闸上）		支流（闸下）
设计水位 /m	最高水位 ($P=5\%$)/m	最低运行 水位/m	最低运行 水位/m	最高水位 ($P=5\%$)/m	最高水位 /m
14.5	15.02	12.0	14	15.02	16.0

4．测绘及地质资料

（1）A 闸水闸工程 1：500 实测地形图，河道、堤岸横断面图。

（2）A 闸水闸工程初步设计阶段地质勘察报告。

根据初设地勘报告，各建筑物地基特性及设计参数如下：

A 闸地基岩性自上而下为：①人工填土，②-2b 淤泥质黏土，③-1a 黏性土，③-3 含泥中细砂，③-4 含砾中粗砂，③-5 黏土，③-6b 含砾中粗砂层，③-7 砂卵砾石等。

各层土物理力学指标建议值见表 1.2。

5．其他有关资料

根据《中国地震动参数区划图》（GB 18306—2015），工程区地震动峰值加速度为 0.05g，相应地震基本烈度为Ⅵ度，本工程按地震基本烈度Ⅵ度设防。

1.1.2 水闸设计项目任务

设计主要任务是确定水闸形式、尺寸和工程布置方案，进行水力计算、闸室稳定分析和结构设计。

1．水闸工程布置

（1）闸址选择及水闸等别确定。

（2）闸室布置。

（3）上游铺盖、下游消能防冲设计及两岸连接建筑物的布置。

2．水力计算

（1）闸孔设计。

（2）消能防冲设计。

（3）防渗排水设计。

3．闸室稳定分析

（1）荷载计算与荷载组合。

（2）闸室稳定计算。

4．闸室结构计算

（1）闸墩结构计算。

（2）底板结构计算。

1.1.3 水闸施工项目任务

1．施工导流设计

（1）导流标准。

（2）施工导流方案。

表 1.2 工程区物理力学参数建议值

工程部位	地层名称	地层编号	天然状态 含水率 ω /%	天然状态 湿密度 ρ /(g/cm³)	天然状态 干密度 ρ_d /(g/cm³)	天然状态 土粒比重 G_S	天然状态 孔隙比 e	液性指数 I_L	饱和度 S_r /%	直接快剪 凝聚力 C /kPa	直接快剪 内摩擦角 φ /(°)	压缩系数 a_{1-2} /MPa⁻¹	压缩模量 E_{s1-2} /MPa	水上休止角 φ /(°)	水下休止角 φ /(°)	地基承载力特征值 f_{ak} /kPa	允许抗冲刷流速 $v_{允}$ /(m/s)	混凝土摩擦系数 f /—	渗透系数 /(cm/s)
	素填土	①	22.8	1.87	1.52	2.72	0.79	0.32	78.5	23.1	9.8	0.34	5.26	—	—	90	0.55	0.25	3.17×10^{-4}
	淤泥质黏土	②—2b	31.5	1.9	1.44	2.7	0.87	0.58	97.8	5.0	4.0	0.82	2.28	—	—	60	0.50	0.21	8.30×10^{-5}
	黏土，粉质黏土	③—1a	21.3	1.9	1.57	2.74	0.74	0.37	78.9	30	11.85	0.24	7.25	—	—	140	0.65	0.25	4.02×10^{-5}
	含泥中细砂	③—3	—	—	—	—	—	—	—	—	—	—	—	—	—	140	0.65	0.35	4.64×10^{-4}
A闸	含砾中粗砂	③—4	—	—	—	—	—	—	—	—	25	—	—	37	31	180	1.5	0.45	4.41×10^{-4}
	黏土	③—5	22.40	1.98	1.62	2.72	0.68	0.18	89.6	29.5	10.6	0.31	5.42	39	32	170	0.65	0.25	4.02×10^{-5}
	含砾中粗砂	③—6b	—	—	—	—	—	—	—	—	31	—	—	43.0	35.4	180~200	1.5	0.45	6.04×10^{-4}
	砂卵砾石	③—7	—	—	—	—	—	—	—	—	32	—	—	46	35	240~280	2.0	0.50	7.36×10^{-4}

2. 地基处理方法

(1) 换填法。

(2) 预压加固。

(3) 振冲法。

(4) 钻孔灌注桩。

(5) 沉井。

3. 水闸主体施工

(1) 水闸混凝土分缝与分块。

(2) 底板施工。

(3) 闸墩与胸墙施工。

(4) 闸门槽施工。

4. 施工进度计划编制

(1) 流水施工分类。

(2) 绘制横道图。

任务 1.2 水闸识图的基础知识

问题思考：1. 如何识读水闸图？

2. 识图需要重点掌握哪些信息？

3. 识图有哪些步骤？

工作任务：根据设计资料，分析水闸拟布置处的地形、河流情况，为后续工程设计奠定基础。

考核要点：读懂水闸工程图；各种类型图纸可以反映的工程要素；学习态度及团队协作能力。

1.2.1 识图的目的和要求

识图的目的是了解工程设计的意图，以便按照设计的要求组织施工、验收及管理。

通过识图必须达到下列基本要求：

(1) 了解水利枢纽所在地的地形、地理方位和河流的情况以及组成枢纽的各建筑物的名称、作用和相对位置。

图 1.2.1

(2) 了解各建筑物的结构、形状、尺寸、材料及施工的要求和方法。

提高识读水工图的能力，对于学习专业课乃至从事工程技术工作都有重要意义。为了培养和提高识读水工图的能力，还必须掌握一定的专业知识并在工程实践中继续巩固和逐渐提高。

1.2.2 识图的方法和步骤

识读水工图的方法一般是由枢纽布置图到建筑物结构图，由主要结构到次要结构，由大轮廓到小构件。对于建筑物结构图应采用"总体—局部—细部—总体"的

图 1.2.2

循环过程。

具体步骤如下：

（1）概括了解。阅读标题栏及有关说明，了解建筑物的名称、作用、制图比例、尺寸单位及施工要求等内容。

（2）分析视图。从视图表达方法入手，分析采用了哪些视图，如剖视图、断面图和详图等，了解剖视图、断面图的剖切位置及投射方向，确定详图表达的部位和各视图的大概作用。

图1.2.3

（3）分析形体。就是将建筑物分解为几个主要部分来逐一识读。分解时应考虑建筑物的结构特点，有时可沿水流方向分段，有时可沿高度分层，有时还可按地理位置或结构分为上游、下游，左岸、右岸，以及外部和内部等，识图时须灵活运用。

（4）综合想象整体。在形体分析的基础上，对照各组成部分的相互位置关系，综合想象出建筑物的整体形状。

任务1.3 水闸等别划分及其组成

问题思考：1. 水闸一般分为几等？怎么确定水闸的等别？

2. 水闸洪水标准怎么确定？

3. 水闸等别判断的依据是什么？

工作任务：根据设计资料，确定水闸的等别及主要建筑物的级别。

考核要点：水闸的分等标准及洪水标准；学习态度及团队协作能力。

1.3.1 水闸等级划分及洪水标准

1. 工程等别及建筑物级别

平原地区水闸枢纽工程是以水闸为主的水利枢纽工程，一般由水闸、船闸、泵站、水电站等水工建筑物组成，有的还包括涵洞、渡槽等其他水工建筑物。《水闸设计规范》（SL 265—2016）中水闸的等别是按照最大过闸流量及防护对象的重要性划分的，但是在实际中水利枢纽由多种水工建筑物组成，按照各自的等别判别标准，往往会造成同一个水利枢纽工程等别划分不一致的情况。因此，《水利水电工程等级划分及洪水标准》（SL 252—2017）规定：水利水电工程的等别，应根据其工程规模、效益和在经济社会中的重要性，按表1.3确定。对于综合利用的水利水电工程，当按各综合利用项目的分等指标确定的等别不同时，其工程等别应按其中最高等别确定。

拦河闸永久性水工建筑物级别，应根据其所属工程的等别按表1.4确定。

分洪道（渠）、分洪与退洪控制闸永久性水工建筑物级别，应不低于所在堤防永久性水工建筑物级别。

治涝、排水工程中的水闸、渡槽、倒虹吸、管道、涵洞、隧洞、跌水与陡坡等永久性水工建筑物级别，应根据设计流量按表1.5确定。

灌溉工程中的渠道及渠系永久性水工建筑物级别，应根据设计灌溉流量按表1.6确定。

表 1.3 水利水电工程分等指标

| 工程等别 | 工程规模 | 库容/亿 m³ | 防洪 | | | 治涝 | 灌溉 | 供水 | | 发电 |
			保护人口/万人	保护农田面积/万亩	保护区当量经济规模/万人	治涝面积/万亩	灌溉面积/万亩	供水重要性	年引水量/亿 m³	装机容量/MW
Ⅰ	大（1）	≥10	≥150	≥500	≥300	≥200	≥150	特重要	≥10	≥1200
Ⅱ	大（2）	<10,≥1.0	<150,≥50	<500,≥100	<300,≥100	<200,≥60	<150,≥50	重要	<10,≥3	<1200,≥300
Ⅲ	中型	<1.0,≥0.10	<50,≥20	<100,≥30	<100,≥40	<60,≥15	<50,≥5	比较重要	<3,≥1	<300,≥50
Ⅳ	小（1）	<0.1,≥0.01	<20,≥5	<30,≥5	<40,≥10	<15,≥3	<5,≥0.5	一般	<1,≥0.3	<50,≥10
Ⅴ	小（2）	<0.01,≥0.001	<5	<5	<10	<3	<0.5		<0.3	<10

表 1.4 拦河闸永久性水工建筑物级别

工程等别	主要建筑物	次要建筑物	工程等别	主要建筑物	次要建筑物
Ⅰ	1	3	Ⅳ	4	5
Ⅱ	2	3	Ⅴ	5	5
Ⅲ	3	4			

表 1.5 排水渠系永久性水工建筑物级别

设计流量/(m³/s)	主要建筑物	次要建筑物	设计流量/(m³/s)	主要建筑物	次要建筑物
≥300	1	3	<20,≥5	4	5
<300,≥100	2	3	<5	5	5
<100,≥20	3	4			

表 1.6 灌溉工程永久性水工建筑物级别

设计灌溉流量/(m³/s)	主要建筑物	次要建筑物	设计灌溉流量/(m³/s)	主要建筑物	次要建筑物
≥300	1	3	<20,≥5	4	5
<300,≥100	2	3	<5	5	5
<100,≥20	3	4			

　　施工期使用的临时性挡水、泄水等水工建筑物级别，应根据保护对象、失事后果、使用年限和临时性挡水建筑物规模，按表 1.7 确定。

　　2. 洪水标准

　　拦河闸、挡潮闸挡水建筑物及其消能防冲建筑物设计洪（潮）水标准，应根据其建筑物级别按表 1.8 确定。

　　潮汐河口段和滨海区水利水电工程永久性水工建筑物的潮水标准，应根据其级别按表 1.8 确定。对于 1 级、2 级永久性水工建筑物，若确定的设计潮水位低于当地历史最高潮水位，应按当地历史最高潮水位校核。

表 1.7　　　　　　　　　　　　　　　临时性水工建筑物级别

级别	保护对象	失 事 后 果	使用年限 /年	临时性挡水建筑物规模	
				围堰高度 /m	库容 /亿 m³
3	有特殊要求的 1 级永久性水工建筑物	淹没重要城镇、工矿企业、交通干线或推迟工程总工期及第一台（批）机组发电，推迟工程发挥效益，造成重大灾害和损失	＞3	＞50	＞1.0
4	1 级、2 级永久性水工建筑物	淹没一般城镇、工矿企业或影响工程总工期和第一台（批）机组发电，推迟工程发挥效益，造成经济损失	≤3，≥1.5	≤50，≥15	≤1.0，≥0.1
5	3 级、4 级永久性水工建筑物	淹没基坑，但对总工期及第一台（批）机组发电影响不大，对工程发挥效益影响不大，经济损失较小	＜1.5	＜15	＜0.1

表 1.8　　　　　　　　拦河闸、挡潮闸永久性水工建筑物洪（潮）水标准

永久性水工建筑物级别		1	2	3	4	5
洪水标准/重现期/年	设计	100～50	50～30	30～20	20～10	10
	校核	300～200	200～100	100～50	50～30	30～20
潮水标准/重现期/年		≥100	100～50	50～30	30～20	20～10

注　对具有挡潮工况的永久性水工建筑物按表中潮水标准执行。

1.3.2　水闸的组成

水闸主要由上游连接段、闸室段和下游连接段三部分组成，如图 1.1 所示。

（1）上游连接段。主要作用是引导水流平稳地进入闸室，同时起防冲、防渗、挡土等作用。一般包括上游翼墙、铺盖、护底、两岸护坡及上游防冲槽等。上游翼墙的作用是引导水流平顺地进入闸孔并起侧向防渗作用。铺盖

◉ 1.3.2

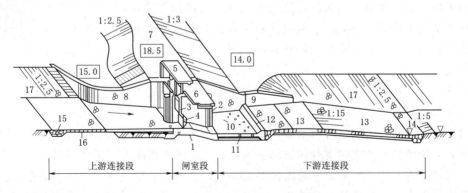

图 1.1　水闸的组成

1—闸室底板；2—闸墩；3—胸墙；4—闸门；5—工作桥；6—交通桥；7—堤顶；
8—上游翼墙；9—下游翼墙；10—护坦；11—排水孔；12—消力坎；13—海漫；
14—下游防冲槽；15—上游防冲槽；16—上游护底；17—上、下游护坡

主要起防渗作用，其表面应满足抗冲要求。护坡、护底和上游防冲槽（齿墙）是保护两岸土质、河床及铺盖头部不受冲刷。

（2）闸室段。闸室段是水闸的主体部分，通常包括底板、闸墩、闸门、胸墙、工作桥及交通桥等。底板是闸室的基础，承受闸室全部荷载，并较均匀地传给地基，此外，还有防冲、防渗等作用。闸墩的作用是分隔闸孔并支承闸门、工作桥等上部结构。闸门的作用是挡水和控制下泄水流。工作桥供安置启闭机和工作人员操作之用。交通桥的作用是连接两岸交通。

除了部分小型水闸，大部分水闸都需要用闸墩将闸室分为多个闸孔，每个闸孔分别设置闸门及其启闭设备、

（3）下游连接段。具有消能和扩散水流的作用。一般包括护坦、海漫、下游防冲槽、下游翼墙及护坡等。下游翼墙引导水流均匀扩散兼有防冲及侧向防渗等作用。护坦具有消能防冲作用。海漫的作用是进一步消除护坦出流的剩余动能、扩散水流、调整流速分布、防止河床受冲。下游防冲槽是海漫末端的防护设施，避免冲刷向上游扩展。

任务 1.4 水闸的工作特点及设计要求

问题思考： 1. 水闸具有哪些工作特点？

2. 水闸设计包括哪几方面内容？

3. 水闸设计的规范主要有哪些？

工作任务： 分析水闸的工作特点；掌握水闸设计需要的资料和主要的依据。

考核要点： 水闸设计依据；水闸设计标准；学习态度及团队协作能力。

1.4.1 水闸的工作特点

水闸的工作方式与其所承担的任务有关，但所有类型的水闸运用都是为了控制流量，调节河渠中的水位，这两种功能靠水闸的挡水和泄水实现。当需要壅高闸前水位时，由闸门上的启闭机关闭部分乃至全部闸门，减小过闸流量来达到目的。当需要降低闸前水位时，由启闭机开启闸门，加大过闸流量来实现。

▶1.4.1

水闸一般建在平原地区，其建设地质条件大多为软土地基。与其他水工建筑物相比，水闸具有以下特点。

（1）稳定方面：关闭闸门挡水时，水闸上、下游水头差较大，造成较大的水平推力，使水闸有可能沿基面产生向下游的滑动。为此，必须采取措施，保证水闸自身的稳定。

（2）防渗方面：由于上、下游水位差的作用，水将通过地基和两岸向下游渗流。渗流会引起水量损失，同时地基土在渗流作用下，容易产生渗透变形破坏。严重时闸基和两岸的土壤会被淘空，危及水闸安全。渗流对闸室和两岸连接建筑物的稳定不利。因此，应妥善进行防渗设计。

（3）消能防冲方面：水闸开闸泄水时，在上、下游水位差的作用下，过闸水流往往具有较大的动能，流态也较复杂，而土质河床的抗冲能力较低，可能引起冲刷。此外，水闸

下游常出现波状水跃和折冲水流，会进一步加剧对河床和两岸的淘刷。因此，设计水闸除应保证闸室具有足够的过水能力外，还必须采取有效的消能防冲措施，以防止河道产生有害的冲刷。

（4）沉降方面：土基上建闸，由于土基的压缩性大，抗剪强度低，在闸室的重力和外部荷载作用下，可能产生较大的沉降影响正常使用，尤其是不均匀沉降会导致水闸倾斜，甚至断裂。在水闸设计时，必须合理地选择闸型、构造，安排好施工程序，采取必要的地基处理等措施，以减少过大的地基沉降和不均匀沉降。

1.4.2 水闸的设计要求

水闸设计必须从实际出发，做到技术先进、经济合理、安全可靠、运用方便，设计过程中应认真搜集和整理各项基本资料。选用的基本资料应准确可靠，满足设计要求，其主要包括以下内容：

（1）社会、经济、环境资料。枢纽建成后对环境生态的影响、库区的淹没范围及移民、房屋拆迁等；枢纽上、下游的工业、农业、交通运输等方面的社会经济情况；供电对象的分布及用电要求；灌区分布及用水要求；通航、过木、过鱼等方面的要求；施工过程中的交通运输、劳动力施工机械、动力等方面的供应情况。

（2）勘测资料。水库和坝区地形图、水库范围内河道纵断面图，拟建建筑物地段的横断面图等；河道的水位、流量、洪水、泥沙等水文资料；库区及坝区的气温、降雨、蒸发、风向、风速等气象资料；岩层分布、地质构造、岩石及土壤性质、地震、天然建筑材料等的工程地质资料；地基透水层与不透水层的分布情况、地下水情况、地基的渗透等水文地质资料。

（3）设计依据。我国规定，大中型水利工程建设项目必须纳入国家经济计划，遵守先勘测、再设计、后施工的必要程序。工程设计需要有以下资料或设计依据：①工程建设单位的设计委托书及工程勘察设计合同，说明工程设计的范围、标准和要求；②经国家或行业主管部门批准的设计任务书；③规划部门、国土部门划准的建设用地红线图；④地质部门提供的地质勘察资料，对工程建设地区的地质构造、岩土介质的物理力学特性等加以描述与说明；⑤其他自然条件资料，如工程所在地的水文、气象条件和地理条件等；⑥工程建设单位提供的有关使用要求和生产工艺等资料；⑦国家或行业的有关设计规范和标准。

根据国民经济发展计划要求，参照流域或区域水利规划可建设的水利工程项目及其开工程序，按照建设项目的隶属关系，由主管部门提出某一水利工程的基本建设项目建议书，经审查批准后，委托设计单位进行预可行性研究、可行性研究，编制可行性研究报告；按照批准的可行性研究报告，编制设计任务书，确定建设项目和建设方案（包括建设依据、规模、布置、主要技术经济要求）。设计任务书的内容一般包括建设的目的和依据，建设规模，水文、气象和工程地质条件，水资源开发利用的规划、水资源配置和环境保护，工程总体布置，水库淹没、建设用地及移民，建设周期，投资总额，劳动安全，经济效益等。任务书是设计依据的基本文件，可按建设项目的隶属关系，由主管部门或省、自治区、直辖市审查批准；大型水利工程或重要的技术复杂的水利工程，则由国家计划部门或国务院批准。有些国家不编制设计任务书，而在投资前、可行性研究后，有一个项目评价和决策阶段，对拟建工程提出评价报告，做出决策，以此作为设计依据。

（4）设计标准。为使工程的安全可靠性与其造价的经济合理性有机地统一起来，水利枢纽及其组成建筑物要分等分级，依据《水利水电工程等级划分及洪水标准》（SL 252—2017）确定，即按工程的规模、效益及其在国民经济中的重要性，将水利枢纽分等，而后将枢纽中的建筑物按其作用和重要性进行分级。设计水工建筑物均需根据规范规定，按建筑物的重要性、级别、结构类型、运用条件等采用一定的洪水标准，洪水标准依据《水利水电工程等级划分及洪水标准》（SL 252—2017）确定，保证遇设计标准以内的洪水时建筑物的安全。水工建筑物的运用条件一般分为正常和非常两种，正常运用情况采用设计洪水标准，非常运用情况采用校核洪水标准。

项目2 水闸布置

【知识目标】

1. 了解水闸闸址选择的影响因素。
2. 掌握闸室结构组成和要求。
3. 掌握两岸连接建筑物的作用和形式。

【能力目标】

1. 能选择合适的闸址。
2. 会设计水闸闸室。
3. 会布置两岸连接建筑物。

任务 2.1 闸 址 选 择

问题思考：1. 水闸闸址选择应考虑哪些因素？

2. 不同类型的水闸闸址选择有什么不同？

工作任务：根据设计资料，掌握闸址选择的依据，选择合理的闸址。

考核要点：合理的闸址；水闸布置是否合适；学习态度及团队协作能力。

● 2.1

水闸的闸址应根据水闸的功能、特点和运用要求，综合考虑地形、地质、水流、潮汐、冻土、冰情、建筑材料、交通运输、施工、管理、周围环境等因素，经过技术经济比较后选定。

2.1.1 基本要求

水闸的闸址宜选择在地形开阔、岸坡稳定、岩土坚实和地下水位较低的地点。闸址宜优先选用地质良好的天然地基，避免采用人工处理地基。最好是选用新鲜完整的岩石地基，或承载能力大、抗剪强度高、压缩性低、透水性小、抗渗稳定性好的土质地基。平原、滨海地区土质地基上，以地质年代较高的黏土、重壤土地基最好；中壤土、轻壤土、砂壤土、粉质壤土、粉质砂壤土或中砂、粗砂地基属于中等；尽量避开粉砂、细砂地基。

闸址的位置应使进闸和出闸水流比较均匀和平顺，闸前和闸后应尽量避开其上、下游可能产生有害的冲刷和泥沙淤积的地方。若在平原河网地区交叉口附近建闸，选定的闸址宜在距离交叉口较远处，若在多支流汇合口下游河道上建闸，其闸址最好远离汇合口。

选择闸址应综合考虑材料来源、对外交通、施工导流、场地布置、基坑排水、施工用水、用电等条件，还应考虑水闸建成工程管理和防汛抢险等条件。

选择闸址还应考虑尽可能少占土地及拆迁房屋，尽量利用周围已有的公路、航运、动力、通信等公用设施。有利于绿化、净化、美化环境和生态环境保护，有利于开展综合经营。

2.1.2 特殊要求

由于各类水闸的主要作用和功能不同，在闸址选择时有不同的要求。

（1）节制闸或泄洪闸闸址宜选择在河岸基本稳定的河段。为了保证节制闸或泄洪闸泄水通畅，减少对上、下游河床的冲淤影响和对堤防的威胁，节制闸或泄洪闸闸址宜选择在河道顺直、河势相对稳定的河段，这样可使过闸水流平顺，单宽流量分布均匀，具有良好的水流状态。

（2）进水闸、分水闸或分洪闸闸址宜选择在河岸基本稳定的顺直河段或弯道凹岸顶点稍偏下游处。为了保证进水闸或分水闸有足够的引水量，并减少进口泥沙淤积或泥沙被挟带入渠，进水闸或分水闸闸址宜选择在河岸基本稳定的顺直河段或弯道凹岸顶点稍偏下游处。因为在弯曲河（渠）段深槽一般都靠凹岸一侧，无论水位高低，主流随着深槽而偏向弯道凹岸，不仅对进水闸或分水闸引水有利，而且由于弯道环流作用，底沙向凸岸推进，从而减少底沙被挟带入渠。

（3）排水闸闸址宜选择在地势低洼、出水通畅处。为了保证排水闸能够有效地排除洼地积水或渠道内的余水，减免农田受淹损失或方便渠道检修，排水闸闸址宜选择在地势低洼、出水通畅处，这样可缩短水头损失减少土方开挖量，增加有效的排水量，减少工程投资。

（4）挡潮闸闸址宜选择在岸线和岸坡稳定的潮汐河口附近，且闸址潮滩冲淤变化较小，上游河道有足够的蓄水容积的地点。为了防止潮水涨落对闸下岸线和岸坡造成冲刷，尽量减少挡潮时给感潮河段带来泥沙淤积，挡潮闸闸址宜选择在岸线和岸坡稳定的潮汐河口附近。

任务 2.2 闸 室 布 置

问题思考：1. 水闸的常用堰型有几种？最常用的是哪种堰型？

           2. 闸底板高程确定需考虑哪些因素？

           3. 哪些位置需要布置止水结构？

工作任务：根据设计资料，掌握闸室设计的要点，拟定闸室结构尺寸。

考核要点：合理选择水闸底板结构形式；正确拟定底板、闸室及胸墙等主要尺寸；学习态度及团队协作能力。

2.2.1 闸室、底板形式

1. 闸室结构形式

根据水闸所承担的任务及设计要求，确定闸室结构形式。常见的闸室结构形式根据闸后是否有填土分为开敞式和涵洞式两大类。

▶ 2.2.1

开敞式水闸是指闸室是露天的，上面没有填土的水闸。这种水闸分为无胸墙和有胸墙两种，无胸墙的开敞式水闸超载能力比较强，有航运、排冰、过木的功能，常应用于拦河闸、排冰闸等。当上游水位变幅大，下泄流量又有限制的时候，为了降低闸门高度，常采用带胸墙的开敞式水闸。涵洞式水闸施工简单，比较经济，常在挖深比较大的堤坝处。闸室结构形式选择的一般原则是：

（1）闸槛高程较高、挡水高度较小的泄洪闸或分洪闸，有排冰、过木或通航要求的水闸，均应采用开敞式。

（2）闸槛高程较低、挡水高度较大的水闸，挡水位高于泄水位，或闸上水位变幅较大，且有限制过闸单宽流量的水闸，均可采用胸墙式或涵洞式。

2. 底板形式

常用的底板形式有宽顶堰和低实用堰两种，如图 2.1 所示。

宽顶堰是水闸中常用的一种底板形式，它有利于泄洪、冲沙、排冰、通航、双向过水等，具有结构简单、施工方便、泄流能力比较稳定等优点；其缺点是自由泄流时流量系数较小，闸后易产生波状水跃。

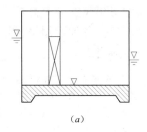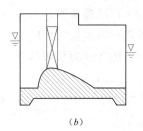

图 2.1 底板形式

(a) 宽顶堰；(b) 低实用堰

低实用堰的优点是自由泄流时流量系数较大，闸后不易产生波状水跃，有利于拦沙；其缺点是结构较复杂，施工不太方便，泄流能力受尾水影响大，淹没水深 $h_s > 0.6H$ 时，泄流能力将急剧下降。当上游水位较高，为限制过闸单宽流量，需抬高堰顶高程时，常采用低实用堰底板。

3. 闸底板高程确定

底板高程与水闸承担的任务、泄流或引水流量、上下游水位及河床地质条件等因素有关。

闸底板应置于较为坚实的土层上，并应尽量利用天然地基。在地基强度能够满足要求的条件下，底板高程定得高些，闸室宽度大，两岸连接建筑相对较低。对于小型水闸，由于两岸连接建筑在整个工程中所占比重较大，因而总的工程造价可能是经济的。在大中型水闸中，由于闸室工程量所占比重较大，因而适当降低底板高程，常常是有利的。当然，底板高程也不能定得太低，否则，由于单宽流量加大，将会增加下游消能防冲的工程量，闸门增高，启闭设备的容量也随之增大。另外，基坑开挖也较困难。

选择底板高程以前，首先要确定合适的最大过闸单宽流量。它取决于闸下游河渠的允许最大单宽流量。允许最大过闸单宽流量可按下游河床允许最大单宽流量的 1.2～1.5 倍确定。根据工程实践经验，一般在细粉质及淤泥河床上，单宽流量取 $5\sim10\text{m}^3/(\text{s}\cdot\text{m})$；在砂壤土地基上取 $10\sim15\text{m}^3/(\text{s}\cdot\text{m})$；在壤土地基上取 $15\sim20\text{m}^3/(\text{s}\cdot\text{m})$；在黏土地基上取 $20\sim25\text{m}^3/(\text{s}\cdot\text{m})$。下游水深较深，上下游水位差较小和闸后出流扩散条件较好时，宜选用较大值。

一般情况下，拦河闸和冲沙闸的底板顶面可与河床齐平；进水闸的底板顶面在满足引用设计流量的条件下，应尽可能高一些，以防止推移质泥沙进入渠道；分洪闸的底板顶面也应较河床稍高；排水闸则应尽量定得低些，以保证将溃水迅速降至计划高程，但要避免排水出口被泥沙淤塞；挡潮闸兼有排水闸作用时，其底板顶面也应尽量定低一些。

2.2.2 闸墩

闸墩的作用是分隔闸孔，支承闸门和闸室的上部结构。闸墩的外形轮廓应满足过闸水流平顺、侧向收缩小、过流能力大的要求。上游墩头可采用半圆形或尖角形，下游墩尾宜采用流线形，小型水闸墩尾也有做成矩形的。

闸墩结构形式一般宜采用实体式，材料常用混凝土、少筋混凝土或浆砌块石。

闸墩上游部分的顶面高程应满足：①水闸挡水时，不应低于水闸正常蓄水位（或正常蓄水位遭遇地震）加波浪计算高度与相应安全超高值之和；②泄洪时，不应低于设计（或校核）洪水位与相应安全超高值之和。各种运用情况下水闸安全超高下限值见表2.1。闸墩下游部分的顶面高程可根据需要适当降低。

表 2.1　水闸安全超高下限值　单位：m

运用情况	水闸级别	1	2	3	4、5
挡水时	正常蓄水位	0.7	0.5	0.4	0.3
	最高挡水位	0.5	0.4	0.3	0.2
泄水时	设计洪水位	1.5	1.0	0.7	0.5
	校核洪水位	1.0	0.7	0.5	0.4

在确定闸墩顶高程时，还应考虑闸室沉降、闸前河渠淤积、潮水位壅高等影响，在防洪堤上的水闸闸顶高程应不低于两侧堤顶高程。下游部分的闸顶高程可适当降低，但应保证下游的交通桥梁底高出最高泄洪水位0.5m及桥面能与闸室两岸道路衔接。

闸墩长度取决于上部结构布置和闸门的形式，一般与底板等长或稍短于底板。

闸墩厚度应根据闸孔净宽、闸门形式、受力条件、结构构造要求和施工方法确定。根据经验，一般浆砌石闸墩厚0.8~1.5m，混凝土闸墩厚1~1.6m，少筋混凝土闸墩厚0.9~1.4m，钢筋混凝土闸墩厚0.7~1.2m。闸墩在门槽处厚度不宜小于0.4m，渠系小闸可取0.2m。

平面闸门的门槽尺寸应根据闸门的尺寸确定。一般检修门槽深0.15~0.25m，宽0.15~0.30m；工作门槽深一般不小于0.3m，宽0.5~1.0m。检修门槽与工作门槽之间应留1.5~2.0m的净距，以便于工作人员检修。弧形闸门的闸墩不需设工作门槽。门槽位置一般在闸墩的中部偏高水位一侧，有时为利用水重增加闸室稳定，也可把门槽设在闸墩中部偏低水位一侧，如图2.2所示。

2.2.3 胸墙

当水闸挡水高度较大时，可设置胸墙来代替部分闸门挡水，从而可减小闸门高度。胸墙顶部高程与闸墩顶部高程齐平；胸墙底高程应根据孔口泄流量要求计算确定，以不影响泄水为原则。

胸墙相对于闸门的位置，取决于闸门的形式。对于弧形闸门，胸墙位于闸门的上游侧；对于平面闸门，胸墙可设在闸门上游侧［图2.2（a）］，也可设在闸门下游侧［图2.2（b）］。后者止水结构复杂，易磨损，但有利于闸门启闭，钢丝绳也不易锈蚀。

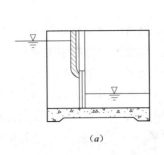
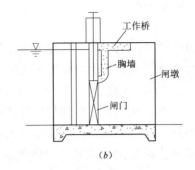

图 2.2 胸墙结构布置

（a）在闸门上游侧；（b）在闸门下游侧

胸墙结构形式可根据闸孔净宽和泄水要求选用。当闸孔净宽小于或等于 6.0m 时可采用板式［图 2.3（a）］，闸孔净宽大于 6.0m 时宜采用板梁式［图 2.3（b）］。当胸墙高度大于 5.0m，且跨度较大时，可增设中梁及竖梁构成肋形结构［图 2.3（c）］。

板式胸墙顶部厚度一般不小于 20cm。板梁式胸墙的板厚一般不小于 12cm；顶梁梁高为胸墙跨度的 1/15～1/12，梁宽常取 40～80cm；底梁由于与闸门接触，要求有较大的刚度，梁高为胸墙跨度的 1/9～1/8，梁宽为 60～

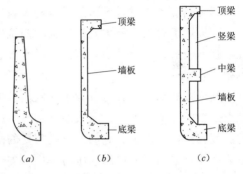

图 2.3 胸墙形式

（a）板式；（b）板梁式；（c）肋形板梁式

120cm。为使过闸水流平顺，胸墙迎水面底缘应做成圆弧形。

胸墙与闸墩的连接方式可根据闸室地基、温度变化条件、闸室结构横向刚度和构造要求等采用简支式或固接式（图 2.4）。简支胸墙与闸墩分开浇筑，可避免在闸墩附近迎水面出现裂缝，但截面尺寸较大。固接式胸墙与闸墩浇筑在一起，胸墙钢筋伸入闸墩内，形成刚性连接，截面尺寸较小，但易在胸墙支点附近的迎水面产生裂缝。整体式底板可用固接式，分离式底板多用简支式。

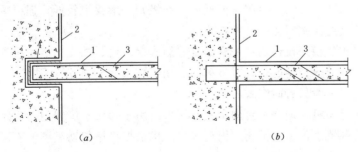

图 2.4 胸墙的支承形式

（a）简支式；（b）固接式

1—胸墙；2—闸墩；3—钢筋；4—涂沥青

15

2.2.4 闸门与启闭机

1. 闸门

闸门按其工作性质的不同，可分为工作闸门、事故闸门和检修闸门等。工作闸门又称主闸门，是水工建筑物正常运行情况下使用的闸门。事故闸门是在水工建筑物或机械设备出现事故时，在动水中快速关闭孔口的闸门，又称快速闸门。事故排除后充水平压，在静水中开启。检修闸门是代替工作闸门临时挡水，检修工作闸门时用的。多采用叠梁式，平时不需要时放置在一旁空地。若需要临时挡水，就用电动葫芦或人工站在检修桥上吊装进入检修门槽即可。可根据设计任务书的要求具体设置，一般水闸多采用工作闸门和检修闸门。

（1）闸门的类型。闸门按门体的材料可分为钢闸门、钢筋混凝土或钢丝网水泥闸门、木闸门及铸铁闸门等。钢闸门门体较轻，一般用于大、中型水闸。钢筋混凝土或钢丝网水泥闸门可以节省钢材，不需除锈但前者较笨重，启闭设备容量大；后者容易剥蚀，耐久性差，一般用于渠系小型水闸。铸铁闸门抗锈蚀、抗磨性能好、止水效果也好，但由于材料抗弯强度较低，性能又脆，故仅在低水头、小孔径水闸中使用。木闸门耐久性差，已日趋不用。

闸门按其结构形式可分为平面闸门、弧形闸门等。与平面闸门相比，弧形闸门的主要优点是启门力小，可以封闭大面积的孔口；无影响水流态的门槽，闸墩厚度较薄，机架桥的高度较低，埋件少。它的缺点是需要的闸墩较长；不能提出孔口以外进行检修维护，也不能在孔口之间互换；总水压力集中于支铰处，闸墩受力复杂。通常根据设计的要求选择闸门形式。

（2）闸门的基本尺寸。根据闸门的类型及工作性质不同，高度的确定有所区别，对于拦河闸可用下述方法确定闸门高度。

$$闸门高度＝正常挡水位＋安全超高$$

（3）闸门的重量。参考经验公式进行估算。计算启门力和闭门力，根据计算结果选择启闭机形式。一般多采用固定卷扬式启闭机。

2. 启闭机

启闭机是一种专门用来启闭水工建筑物中闸门用的起重机械，是一种循环间隔调运机械。特点如下：荷载变化大；启闭速度低；工作级别一般要求较低，但要求绝对可靠；双吊点要求同步；要适应闸门运行的特殊要求。

启闭机有多种类型。按机构特征有固定卷扬式启闭机、油压式启闭机等；按传动形式分为机械传动的、液压传动的；机械传动的启闭机按布置形式分为固定式和移动式两种。液压传动的启闭机一般只有固定式。

（1）固定式启闭机。通常一台固定式启闭机只用于操作一扇闸门，启闭机只设置一个起升机构，不必配置水平运动机构。固定式启闭机根据机械传动类型的不同有卷扬式、螺杆式、链式和连杆式，后两种形式应用较少。

固定卷扬式启闭机广泛用于平面闸门和弧形闸门。一般在 400kN 以下时可同时设置手摇机构。固定卷扬式启闭机主要用于靠自重、水柱或其他加重方式关闭孔口的闸门和要求在短时间内全部开启的闸门。另外，可增设飞摆调速器装置，闭门速度较快，用于启闭快速事故闸门。

卷扬式弧门启闭机主要用于操作露顶式弧形闸门。

在实际工程中，固定卷扬式启闭机容量及扬程较大的有：天生桥一级水电站放空洞事故闸门启闭机，容量为 2×4000kN，扬程 125m；小浪底水利枢纽工程中的 1×5000kN 启闭机，扬程 90m。

螺杆式启闭机主要用于需要下压力的闸门上。大型的螺杆式启闭机多用于操作深孔闸门，但需设置可摆动的支承或设置导轨、滑板及铰接吊杆与闸门连接；小型的螺杆式启闭机一般多用于手摇、电动两用。这时可选用简便、廉价的单吊点螺杆式启闭机。螺杆与闸门连接，用机械或人力转动主机，迫使螺杆连同闸门上下移动。

螺杆式启闭机的闭门力受其行程的限制，并且启闭力不能太大，速度较低。

（2）移动式启闭机。可实行一机多门的操作方式。包括起升机构（多用卷扬机）和水平移动的运行机构。按照机架的结构形式和工作范围的不同可分为台车式、单向门式和双向门式。

移动式启闭机多用于操作多孔共用的检修闸门，其形式选择应根据建筑物的布置、闸门的运行要求及启闭机的技术经济指标等因素确定，布置时需注意在其行程范围内与其他建筑物的关系。

（3）液压启闭机。液压启闭机按照液压缸的作用力分为单作用式、双作用式。

液压启闭机启闭力可以很大，但扬程却受加工设备的限制。双向作用的油压启闭机多用于操作潜孔平面闸门和潜孔弧门。用于操作潜孔弧门时，需要设置可转动支座或设置导轨及滑块、铰接吊杆与闸门连接。

实际工程中液压启闭机容量较大的有：五强溪水电站表孔弧形闸门液压启闭机，启门力为 2×3850kN，行程 12.5m；岩滩水电站进水口快速闸门液压启闭机，持住力为8000kN，启门力为 6000kN，行程 16.9m。

2.2.5 上部结构

1. 工作桥

工作桥是供设置启闭机和管理人员操作时使用，如图 2.5 所示。当桥面很高时，可在闸墩上部设排架支承工作桥。工作桥的高度要保证闸门开启后不影响泄放最大流量，并考虑闸门的安装及检修吊出需要。工作桥的位置尽量靠近闸门上游侧，为了安装、启闭、检修方便，应设置在工作闸门的正上方。可根据启闭机的型号确定相应的基座尺寸。

工作桥高程＝上游最高水位＋闸门高＋吊钩高＋工作桥梁高＋工作桥板厚＋安全超高

初步拟定桥高时，可取平面门高的两倍再加 1.0～1.5m 的超高值，并能满足闸门能从闸门槽中取出检修的要求。如采用活动式启闭机，桥高则可适当降低，但应大于 1.7 倍的门高。对于升卧式平面闸门，由于闸门全开后处于平卧位置，因而工作桥可以做得较低。

工作桥面宽度除应满足安置启闭设备所需的宽度外，还应在两侧各留 0.6～1.2m 以上的通道，以供操作及设置栏杆之用。工作桥总宽度＝基座宽度＋两倍操作宽度＋两倍墙

17

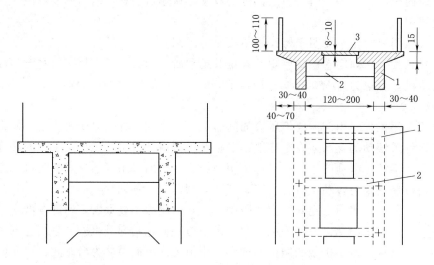

图 2.5 工作桥（单位：cm）
1—纵梁；2—横梁；3—活动面板

厚＋两倍富裕宽度；如设外挑阳台，应加上相应的宽度。采用卷扬式启闭机时，桥面宽可取 2.0～3.0m；采用螺杆式启闭机时，桥面宽可取 1.5～2.5m。

工作桥的结构形式视水闸规模而定。大中型水闸多采用板梁结构（图 2.6），小型水闸一般采用板式结构。为改善工作桥的工作条件，往往在工作桥上修建启闭机房，如图 2.6 所示。渠系上小闸的工作桥一般由一根或两根支承启闭机的纵梁构成，纵梁为预制钢筋混凝土简支梁（图 2.7）。启闭闸门的操作人员则站在交通桥或便桥上。

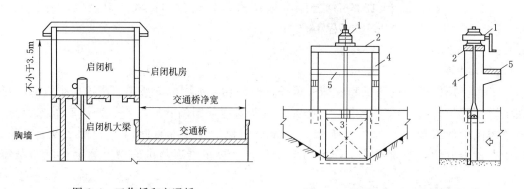

图 2.6 工作桥和交通桥

图 2.7 渠系小闸的工作桥和交通桥
1—螺杆式启闭机；2—支承启闭机的纵梁；
3—闸门；4—启闭机台柱；5—操作便桥

2. 检修桥

检修桥是为了放置及提升检修闸门，观测上游水流情况。常采用的形式为预制钢筋混凝土 T 形梁和预制板组成。

3. 交通桥

交通桥的位置应根据闸室稳定及两岸交通连接等条件确定，通常布置在闸室下游低水位一侧。仅供人、畜通行的交通桥，其宽度常不小于3m；行驶汽车等的交通桥，应按交通部门制定的规范进行设计，一般公路单车道净宽4.5m，双车道7～9m。交通桥的形式可采用板式、板梁式和拱式，中、小型工程可使用定型设计。

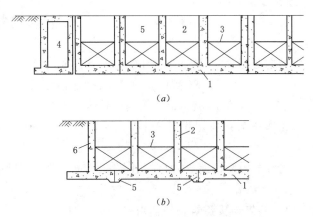

（a）

（b）

图2.8　闸底板分缝形式

（a）缝设在闸墩上；（b）缝设在底板上

1—底板；2—闸墩；3—闸门；4—岸墙；

5—沉降缝；6—边墩

2.2.6　分缝与止水

1. 分缝方式及布置

水闸沿轴线（垂直水流方向）每隔一定距离必须分缝，以免闸室因地基不均匀沉降及温度变化而产生裂缝。岩基上的缝距一般不宜超过20m，土基上的缝距一般不宜超过35m，缝宽为2～3cm。

整体式底板闸室沉降缝，一般设在闸墩中间，一孔、二孔或三孔一联，成为独立单元，其优点是保证在不均匀沉降时闸孔不变形，闸门仍然正常工作。靠近岸边时，为了减轻墙后填土对闸室的不利影响，特别是在地质条件较差时，最多一孔一缝或两孔一缝，而后再接二孔或三孔的闸室［图2.8（a）］。如果地基条件较好，也可以将缝设在底板中间［图2.8（b）］，这样不仅减小闸墩厚度和水闸总宽，也可改善底板受力条件，但地基不均匀沉降可能影响闸门工作。

在分离式底板中，闸墩与底板之间设缝分开，以适应地基的不均匀沉降。

土基上的水闸，不仅闸室本身分缝，凡相邻结构荷重悬殊或结构较长、面积较大的地方，都要设缝分开。例如，铺盖、护坦与底板、翼墙连接处都应设缝；翼墙、混凝土铺盖及消力池底板本身也需分段、分块（图2.9）。

2. 止水

凡具有防渗要求的缝，都应设止水设备。止水分铅直止水和水平止水两种。前者设在闸墩中间，边墩与翼墙间及上游翼墙本身；后者设在铺盖、消力池与底板和翼墙、底板与闸墩间以及混凝土铺盖及消力池本身的温度沉降缝内。

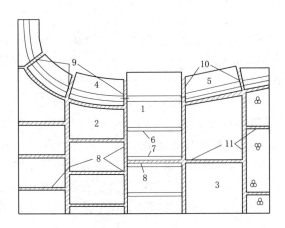

图2.9　水闸分缝布置

1—边墩；2—混凝土铺盖；3—消力池；4—上游翼墙；

5—下游翼墙；6—中墩；7—缝墩；8—柏油

油毛毡嵌紫铜片；9—垂直止水甲；10—垂直

止水乙；11—柏油油毛毡止水

任务 2.3 两岸连接建筑物的布置

问题思考：1. 两岸连接建筑物的作用是什么？

2. 闸室和河岸有哪几种连接方式？

3. 上、下游翼墙有什么布置形式？

工作任务：根据设计资料，掌握两岸连接建筑物的作用、布置和结构形式。

考核要点：合理选择两岸连接建筑物；学习态度及团队协作能力。

2.3.1 两岸连接建筑物的作用

水闸与河岸或堤、坝等连接时，必须设置连接建筑物，包括：上、下游翼墙和边墩（或边墩和岸墙），有时还设有防渗刺墙，其作用是：

(1) 挡住两侧填土，维持土坝及两岸的稳定。

(2) 当水闸泄水或引水时，上游翼墙主要用于引导水流平顺进闸，下游翼墙使出闸水流均匀扩散，减少冲刷。

(3) 保持两岸或土坝边坡不受过闸水流的冲刷。

(4) 控制通过闸身两侧的渗流，防止与其相连的岸坡或土坝产生渗透变形。

(5) 在软弱地基上设有独立岸墙时，可以减少地基沉降对闸身应力的影响。

在水闸工程中，两岸连接建筑在整个工程中所占比重较大，有时可达工程总造价的 $15\%\sim40\%$，闸孔愈少，所占比重愈大。因此，在水闸设计中，对连接建筑的形式选择和布置，应予以足够重视。

2.3.2 两岸连接建筑物的布置

1. 闸室与河岸的连接形式

水闸闸室与两岸（或堤、坝等）的连接形式主要与地基及闸身高度有关。当地基较好，闸身高度不大时，可用边墩直接与河岸形接，如图 2.10 (a) ～ (d) 所示。在闸身较高、地基软弱的条件下，如仍采用边墩直接挡土，由于边墩与闸身地基的荷载悬殊，可能产生不均匀沉降，影响闸门启闭，并在底板内产生较大的内力。此时，可在边墩外侧设置轻型岸墙，边墩只起支承闸门及上部结构的作用，而土压力全由岸墙承担，如图 2.10 (e) ～ (h) 所示。这种连接形式可以减少边墩和底板的内力，同时还可使作用在闸室上的荷载比较均衡，减少不均匀沉降。当地基承载力过低，可采用护坡岸墙的结构型式。其优点是：边墩既不挡土，也不设岸墙挡土。因此，闸室边孔受力状态得到改善，适用于软弱地基。缺点是防渗和抗冻性较差。为了挡水和防渗需要，在岸坡段设刺墙，其上游设防渗铺盖。

2. 上、下游翼墙的布置

上游翼墙应与闸室两端平顺连接，其顺水流方向的投影长度应大于或等于铺盖长度。

下游翼墙的平均扩散角每侧宜采用 $7°\sim12°$，其顺水流方向的投影长度大于或等于消力池长度。

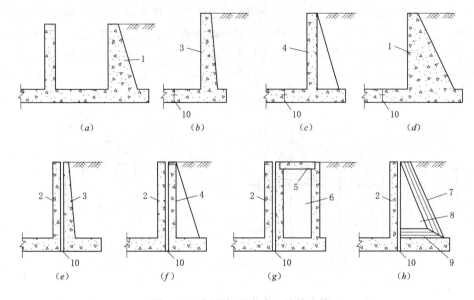

图 2.10 闸室与两岸或土坡的连接

1—重力式边墩；2—边墩；3—悬臂式边墩或岸墙；4—扶壁式边墩或岸墙；5—顶板；
6—空箱式岸墙；7—连拱板；8—连拱式空箱支墩；9—连拱底板；10—沉降缝

上、下游翼墙的墙顶高程应分别高于上、下游最不利的运用水位。翼墙分段长度应根据结构和地基条件确定，可采用 15～20m。建筑在软弱地基或回填土上的翼墙分段长度可适当缩短。

大中型水闸一般可采用反翼墙、圆弧式翼墙、扭曲面翼墙；小型水闸可采用一字形翼墙、扭曲面翼墙、斜降式翼墙。

（1）反翼墙。如图 2.11 所示，自闸室向上、下游延伸一段距离，然后转弯 90°插入堤岸，墙面铅直，转弯半径 2～5m。防渗效果和水流条件均较好，但工程量较大。

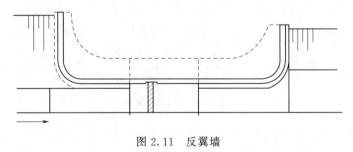

图 2.11 反翼墙

一字形翼墙，即翼墙自闸室边墩上、下游端即垂直插入堤岸。这种布置进出水流条件较差，但节省工程量。

（2）圆弧式翼墙。如图 2.12 所示，从边墩开始，向上、下游用圆弧形的铅直翼墙与河岸连接。上游圆弧半径为 15～30m，下游圆弧半径为 30～40m。适用于上下游水位差及单宽流量较大、闸室较高、地基承载力较低的大中型水闸。优点：水流条件好；缺点：模板用量大，施工复杂。

（3）扭曲面翼墙。如图 2.13 所示，翼墙迎水面是由与闸墩连接处的铅直面，向上、下游延伸而逐渐变为倾斜面，直至与其连接的河岸（或渠道）的坡度相同。翼墙在闸室端为重力式挡土墙断面形式，另一端为护坡形式。水流条件好，并且工程量小，但施工较复杂，在渠系工程中广泛应用。

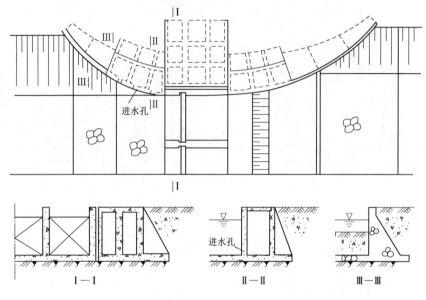

图 2.12 圆弧式翼墙

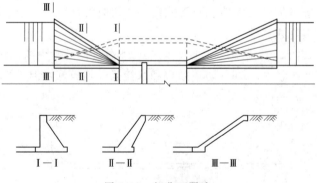

图 2.13 扭曲面翼墙

（4）斜降式翼墙。如图 2.14 所示，在平面上呈八字形，随着翼墙向上、下游延伸，其高度逐渐降低，至末端与河底齐平。优点：工程量省，施工简单；缺点：防渗条件差，泄流时闸孔附近易产生立轴漩涡，冲刷河岸或坝坡。

2.3.3 两岸连接建筑物的结构形式

两岸连接建筑物从结构观点分析，是挡土墙。常用的形式有重力式、悬臂式、扶壁式、空箱式及连拱空箱式等。

1. 重力式挡土墙

重力式挡土墙（图 2.15）常用混凝土和浆砌石建造，主要依靠自身的重力维持稳定。

由于挡土墙的断面尺寸大，材料用量多，建在土基上时，基墙高一般不宜超过 6m。

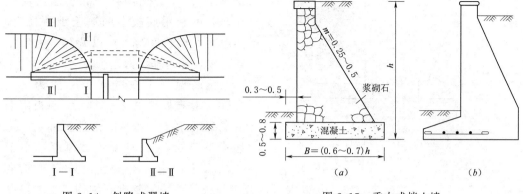

图 2.14 斜降式翼墙

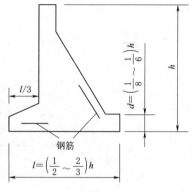

图 2.15 重力式挡土墙

重力式挡土墙顶宽一般为 0.4～0.8m，边坡系数 m 为 0.25～0.5，混凝土底板厚 0.5～0.8m，两端悬出 0.3～0.5m，前趾常需配置钢筋。

实际工程中有时也用半重力式挡土墙（图 2.16）。

为了提高挡土墙的稳定性，墙顶填土面应设防渗（图 2.17）；墙内设排水设施，以减少墙背面的水压力。排水设施可采用排水孔 ［图 2.18（a）］ 或排水暗管 ［图 2.18（b）］。

2. 悬臂式挡土墙

悬臂式挡土墙是由直墙和底板组成的一种钢筋混凝土轻型挡土结构（图 2.19）。其适宜高度为 6～

图 2.16 半重力式挡土墙

10m。用作翼墙时，断面为倒 T 形；用作岸墙时，则为 L 形，这种翼墙具有厚度小、自重轻等优点。它主要是利用底板上的填土维持稳定。

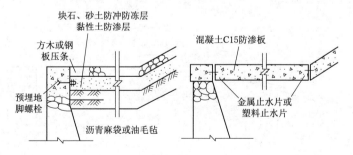

图 2.17 翼墙墙顶的防渗设施

底板宽度由挡土墙稳定条件和基底压力分布条件确定。调整后踵长度，可以改善稳定条件；调整前趾长度，可以改善基底压力分布。直墙和底板近似按悬臂板计算。

3. 扶壁式挡土墙

当墙的高度超过 9～10m 以后，采用钢筋混凝土扶壁式挡土墙较为经济。扶壁式挡土

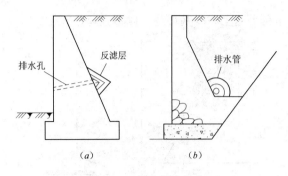

图 2.18 挡土墙的排水

(a) 排水孔；(b) 排水暗管

墙由直墙、底板及扶壁三部分组成。如图 2.20 所示。利用扶壁和直墙共同挡土，并可利用底板上的填土维持稳定，当改变底板长度时，可以调整合力作用点位置，使地基反力趋于均匀。

钢筋混凝土扶壁间距一般为 3～4.5m，扶壁厚度 0.3～0.4m；底板用钢筋混凝土建造，其厚度由计算确定，一般不小于 0.4m；直墙顶端厚度不小于 0.2m，下端由计算确定。悬臂段长度 $b=(1/5～1/3)B$。直墙高度在 6.5m 以内时，直墙和扶壁可采用浆砌石结构，直墙顶厚 0.4～0.6m，临土面可做成 1:0.1 的坡度；扶壁间距 2.5m，厚 0.5～0.6m。

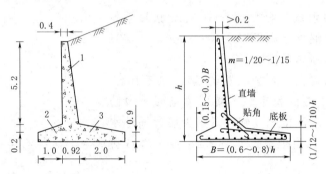

图 2.19 悬臂式挡土墙（单位：m）

1—直墙；2—前趾；3—后踵

底板的计算，分前趾和后踵两部分。前趾计算与悬臂梁相同。后踵分两种情况：当 $L_1/L_0 \leqslant 1.5$（L_0 为扶壁净距）时，按三边固定一边自由的双向板计算，当 $L_1/L_0 > 1.5$ 时，则自直墙起至离直墙 $1.5L_0$ 为止的部分，按三面支承的双向板计算，在此以外按单向连续板计算。

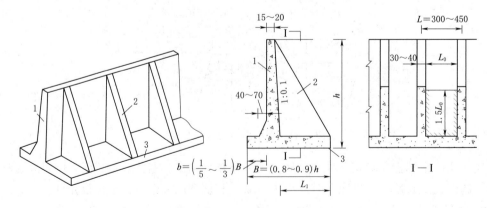

图 2.20 扶壁式挡土墙（单位：cm）

1—直墙；2—扶壁；3—底板

　　扶壁计算，可把扶壁与直墙作为整体结构，取墙身与底板交界处的 T 形截面按悬臂梁分析。

　　4. 空箱式挡土墙

　　空箱式挡土墙由底板、前墙、后墙、扶壁、顶板和隔墙等组成，如图 2.21 所示。利用前后墙之间形成的空箱充水或填土可以调整地基应力。因此，它具有重力小和地基应力分布均匀的优点，但其结构复杂，需用较多的钢筋和木材，施工麻烦，造价较高。故仅在某些地基松软的大中型水闸中使用。在上、下游翼墙中基本上不再采用。

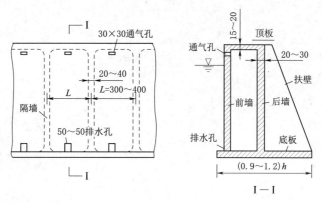

图 2.21　空箱式挡土墙

　　顶板和底板均按双向板或单向板计算，原则上与扶壁式底板计算相同。前墙、后墙与扶壁式挡土墙的直墙一样，按以隔墙支承的连续板计算。

　　5. 连拱空箱式挡土墙

　　连拱空箱式土墙也是空箱式挡土墙的一种形式，它由底板、前墙、隔墙和拱圈组成，如图 2.22 所示。前墙和隔墙多采用浆砌石结构，底板和拱圈一般为混凝土结构。拱圈净

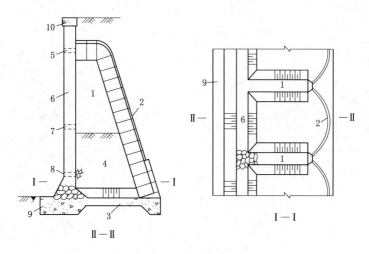

图 2.22　连拱空箱式挡土墙

1—隔墙；2—预制混凝土拱圈；3—底板；4—填土；5—通气孔；
6—前墙；7—进水孔；8—排水孔；9—前趾；10—盖顶

跨一般为 2～3m，矢跨比常为 0.2～0.3，厚度为 0.1～0.2m。拱圈的强度计算可选取单宽拱条，按支承在隔墙（扶壁）上的两铰拱进行计算。连拱空箱式挡土墙的优点：钢筋省、造价低、重力小，适用于软土地基；缺点：挡土墙在平面布置上需转弯时施工较为困难，整体性差。

项目3 水力计算

【知识目标】
1. 了解闸孔尺寸设计的要求。
2. 掌握底流消能的特点。
3. 掌握地下轮廓线的布置要求。

【能力目标】
1. 能设计闸室宽度。
2. 会设计消力池。
3. 会设计水闸地下轮廓线。

任务3.1 闸孔尺寸确定

问题思考：1. 堰流和孔流如何划分？
　　　　　2. 影响过闸流量的因素有哪些？
　　　　　3. 闸孔尺寸设计的要点是什么？

工作任务： 根据设计资料，计算闸孔总净宽、孔数、闸孔尺寸，校核闸孔过流能力。

考核要点： 闸室总净宽的计算方法；闸室单孔宽度的确定方法；闸室总宽度的确定方法；各个计算步骤是否准确，计算结果是否合理；学习态度及团队协作能力。

闸孔总净宽应根据泄流特点、下游河床地质条件和安全泄流的要求，结合闸孔孔径和孔数的选用，经技术经济比较后确定。计算时分别对不同的水流情况，根据给定的设计流量、上下游水位和初拟的底板高程及堰型来确定。

3.1.1 判别堰的出流流态

（1）若水闸底坎为平底堰，当 $\dfrac{h_e}{H}>0.65$ 时，为堰流；当 $\dfrac{h_e}{H}\leqslant 0.65$ 时，为闸孔出流。其中 h_e 为孔口高度（m）；H 为闸前堰上水深（m）。

▶ 3.1.1

（2）若水闸底坎为曲线型堰，当 $\dfrac{h_e}{H}>0.75$ 时，为堰流；当 $\dfrac{h_e}{H}\leqslant 0.75$ 时，为闸孔出流。

宽顶堰的淹没条件为

$$h_s\geqslant 0.72H_0 \tag{3.1}$$

式中　h_s——下游水深，m；

　　　H_0——含有行近流速水头在内的堰上水头，m。

闸门全开宣泄洪水时，一般属于淹没条件下的堰流，应采用平底板宽顶堰流的堰流公式。

3.1.2　确定闸孔总净宽

（1）对于平底板宽顶堰，如图3.1所示，闸孔总净宽B_0（m）可按下式计算

▷ 3.1.2

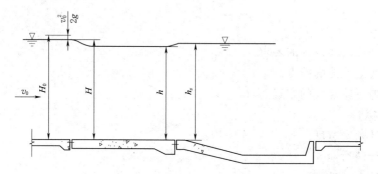

图3.1　平底板堰流计算示意

$$B_0 = \frac{Q}{\varepsilon \sigma m \sqrt{2g} H_0^{\frac{3}{2}}} \tag{3.2}$$

式中　Q——过闸流量，m^3/s；

　　　H_0——计入行进流速水头的堰上水深，m；

　　　g——重力加速度，可取$9.81 m/s^2$；

　　　m——堰流流量系数，对于平底板宽顶堰，可采用0.385；

　　　σ——堰流淹没系数，可按公式$\sigma = 2.31 \dfrac{h_s}{H_0}\left(1 - \dfrac{h_s}{H_0}\right)^{0.4}$，也可以通过查表3.1

求得；

　　　h_s——由堰顶算起的下游水深，m；

　　　ε——侧收缩系数，初拟可按$0.95 \sim 1.00$估计，也可以通过查表3.2求得。

单孔闸时
$$\varepsilon = 1 - 0.171\left(1 - \frac{b_0}{b_s}\right)\sqrt[4]{\frac{b_0}{b_s}} \tag{3.3}$$

多孔闸，闸墩墩头为圆弧形时
$$\varepsilon = \frac{\varepsilon_Z(N-1) + \varepsilon_b}{N} \tag{3.4}$$

$$\varepsilon_Z = 1 - 0.171\left(1 - \frac{b_0}{b_0 + d_Z}\right)\sqrt[4]{\frac{b_0}{b_0 + d_Z}} \tag{3.5}$$

$$\varepsilon_b = 1 - 0.171\left(1 - \frac{b_0}{b_0 + \dfrac{d_Z}{2} + b_b}\right)\sqrt[4]{\frac{b_0}{b_0 + \dfrac{d_Z}{2} + b_b}} \tag{3.6}$$

式中　b_0——单孔（中孔或边孔）闸孔净宽，m；

b_s——上游河道一半水深处的宽度，m；

N——闸孔数；

ε_Z——中闸孔侧收缩系数，可按公式计算，也可以通过查表 3.2 得到，表中 b_s 改为 $b_0 + d_z$；

d_Z——中闸墩厚度，m；

ε_b——边闸孔侧收缩系数，可按公式计算，也可以通过查表 3.2 得到，表中 b_s 改为 $b_0 + \dfrac{d_z}{2} + b_b$；

b_b——边闸墩顺水流向边缘线至上游河道水边线之间的距离，m。

表 3.1   宽顶堰堰流淹没系数 σ 值

h_s/H_0	≤0.72	0.75	0.78	0.80	0.82	0.84	0.86	0.88	0.90	0.91
σ	1.00	0.99	0.98	0.97	0.95	0.93	0.90	0.87	0.83	0.80
h_s/H_0	0.92	0.93	0.94	0.95	0.96	0.97	0.98	0.99	0.995	0.998
σ	0.77	0.74	0.70	0.66	0.61	0.55	0.47	0.36	0.28	0.19

表 3.2   侧收缩系数 ε 值

b_0/b_s	≤0.2	0.3	0.4	0.5	0.6	0.7	0.8	0.9	1.0
ε	0.909	0.911	0.918	0.928	0.940	0.953	0.968	0.983	1.000

对于平底板宽顶堰，堰流流量系数 m 可采用 0.385；对于有坎宽顶堰，m 可按下列近似公式计算。

当进口边缘为直角时，若 $0 \leqslant \dfrac{P}{H} \leqslant 3.0$，则

$$m = 0.32 + 0.01 \times \frac{3 - \dfrac{P}{H}}{0.46 + 0.75 \dfrac{P}{H}} \tag{3.7}$$

式中 P——堰顶高出上游底板的高度，m；

      H——闸前堰上水深，m。

若 $\dfrac{P}{H} > 3.0$，则 $m = 0.32$。

当进口边缘为圆弧时，若 $0 \leqslant \dfrac{P}{H} \leqslant 3.0$，则

$$m = 0.36 + 0.01 \times \frac{3 - \dfrac{P}{H}}{1.2 + 1.5 \dfrac{P}{H}} \tag{3.8}$$

若 $\dfrac{P}{H} > 3.0$，则 $m = 0.36$。

当上游面是倾斜的或堰顶削角角度 $\theta = 45°$ 时，流量系数 m 可查表 3.3 得出。

表 3.3 上游为 45°削角或斜坡式进口时的流量系数 *m* 值

$\dfrac{P}{H}$	45°削角式进口				斜坡式进口
	a/H				$\cot\theta$
	0.025	0.050	0.100	≥0.200	≥2.5
0.0	0.385	0.385	0.385	0.385	0.385
0.2	0.371	0.374	0.376	0.377	0.382
0.4	0.364	0.367	0.370	0.373	0.381
0.6	0.359	0.363	0.367	0.370	0.380
0.8	0.356	0.360	0.365	0.368	0.379
1.0	0.353	0.358	0.363	0.367	0.378
2.0	0.347	0.353	0.358	0.363	0.377
4.0	0.342	0.349	0.355	0.361	0.376

（2）对于平底板闸孔出流，其计算示意如图 3.2 所示。

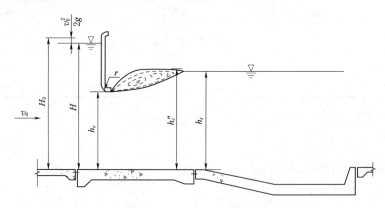

图 3.2 孔口出流计算示意

对于有胸墙的水闸或开敞式水闸闸门部分开启时，过闸水流表面受到上部胸墙或闸门的影响。这时，过闸水流呈现为孔口出流状态。闸孔总净宽 B_0（m）可按下式计算

$$B_0 = \frac{Q}{\sigma'\mu h_e \sqrt{2gH_0}} \tag{3.9}$$

其中

$$\mu = \varphi\varepsilon'\sqrt{1 - \frac{\varepsilon' \cdot h_e}{H}} \tag{3.10}$$

$$\varepsilon' = \frac{1}{1 + \sqrt{\lambda\left[1 - \left(\dfrac{h_e}{H}\right)^2\right]}} \tag{3.11}$$

$$\lambda = \frac{0.4}{2.718^{16\frac{r}{h_e}}} \tag{3.12}$$

式中 h_e——孔口高度，m；

μ——孔流流量系数，可按式（3.10）计算，也可查表 3.4 得出；

φ——孔流流速系数，可采用 0.95～1.00；

ε'——孔流垂直收缩系数，可按式（3.11）计算；

λ——计算系数，当 $0 < \dfrac{r}{h_e} < 0.25$ 时，可按式（3.12）计算；

r——胸墙底圆弧半径，m；

σ'——孔流淹没系数，可以通过查表 3.5 求得，表中 h_c'' 为跃后水深（m）。

表 3.4　　孔流流量系数 μ 值

r/h_e ＼ h_e/H	0	0.05	0.10	0.15	0.20	0.25	0.30
0	0.582	0.573	0.565	0.557	0.549	0.542	0.534
0.05	0.667	0.656	0.644	0.633	0.622	0.611	0.600
0.10	0.740	0.725	0.711	0.697	0.682	0.668	0.653
0.15	0.798	0.781	0.764	0.747	0.730	0.712	0.694
0.20	0.842	0.824	0.805	0.785	0.766	0.745	0.725
0.25	0.875	0.855	0.834	0.813	0.791	0.769	0.747

r/h_e ＼ h_e/H	0.35	0.40	0.45	0.50	0.55	0.60	0.65
0	0.527	0.520	0.512	0.505	0.497	0.489	0.481
0.05	0.589	0.577	0.566	0.553	0.541	0.527	0.512
0.10	0.638	0.623	0.607	0.590	0.572	0.553	0.533
0.15	0.676	0.657	0.637	0.616	0.594	0.571	0.546
0.20	0.703	0.681	0.658	0.634	0.609	0.582	0.553
0.25	0.723	0.699	0.673	0.647	0.619	0.589	0.557

表 3.5　　孔流淹没系数 σ' 值

$\dfrac{h_s-h_c''}{H-h_c''}$	$\leqslant 0$	0.1	0.2	0.3	0.4	0.5	0.6	0.7
σ'	1.00	0.86	0.78	0.71	0.66	0.59	0.52	0.45
$\dfrac{h_s-h_c''}{H-h_c''}$	0.8	0.9	0.92	0.94	0.96	0.98	0.99	0.995
σ'	0.36	0.23	0.19	0.16	0.12	0.07	0.04	0.02

　　水闸的过闸水位差应根据上游淹没影响、允许的过闸单宽流量和水闸工程造价等因素综合比较确定。一般情况下，平原地区水闸的过闸水位差可采用 0.1～0.3m。

　　水闸的过水能力与上下游水位、底板高程和闸孔总净宽等是相互关联的，设计时，需要通过对不同方案进行技术经济比较后最终确定。

3.1.3　闸孔尺寸的选择

　　闸室单孔宽度，应根据闸的地基条件、运用要求、闸门结构形式、启闭机容量，以及闸门的制作、运输、安装等因素，进行综合比较确定。我国大

● 3.1.3

中型水闸，单孔净宽度 b_0 一般采用 $8 \sim 12m$。

闸孔孔数 $n = B/b_0$，n 值应取略大于计算要求值的整数。闸孔孔数少于 8 孔时，应采用奇数孔，以利于对称开启闸门，改善下游水流条件。

闸室总宽度 $L = nb_0 + (n-1)d$，其中，d 为闸墩厚度。初步拟定闸墩厚度及墩头形状、底板形式，并画出闸孔尺寸布置图。

闸室总宽度应与上下游河道或渠道宽度相适应，一般不小于河（渠）道宽度的 0.6 倍。否则会加大连接段的工程量，从而增加工程总造价，同时对水闸安全泄水不利。

3.1.4 校核闸孔的过流能力

孔宽、孔数和闸室总宽度拟定后，再考虑闸墩等的影响，进一步验算水闸的过水能力。

▶ 3.1.4

按堰流的计算公式验算，即

$$Q_{\text{实}} = \varepsilon \sigma_s m B_0 \sqrt{2g} H_0^{\frac{3}{2}} \tag{3.13}$$

或按孔流的计算公式验算，即

$$Q_{\text{实}} = \sigma' \mu h_e B_0 \sqrt{2gH_0} \tag{3.14}$$

其中

$$B_0 = nb_0$$

分别按设计、校核两种情况精确计算参数，算出相应的实际流量 $Q_{\text{实}}$。$Q_{\text{实}}$ 与设计流量 $Q_{\text{设}}$ 的差值，一般不得超过 $\pm 5\%$，即

$$\left| \frac{Q_{\text{设}} - Q'_{\text{实}}}{Q_{\text{设}}} \right| \leqslant 5\% \tag{3.15}$$

$$\left| \frac{Q_{\text{校}} - Q''_{\text{实}}}{Q_{\text{校}}} \right| \leqslant 5\% \tag{3.16}$$

式中 $Q'_{\text{实}}$——设计情况时的实际过闸流量；

　　　$Q''_{\text{实}}$——校核情况时的实际过闸流量。

3.1.5 辅助曲线的绘制

根据水闸所在的河流纵横断面图，绘制下游水位与流量关系曲线。用明渠均匀流公式进行计算，即

▶ 3.1.5

▶ 3.1.6

$$Q = AC\sqrt{Ri} \; ; C = \frac{1}{n}R^{\frac{1}{6}} \; ; R = \frac{A}{\chi} \tag{3.17}$$

式中 A——过流断面面积，m^2；

　　　C——谢才系数，$m^{\frac{1}{2}}/s$；

　　　R——水力半径，m；

　　　n——河槽的糙率；

　　　χ——过水断面的湿周，m；

　　　i——渠道底坡。

▶ 3.1.7

任务 3.2 消 能 防 冲 设 计

问题思考： 1. 水闸消能防冲设施有哪些？

2. 消能方式有哪些？水闸一般采用什么消能方式？

3. 出闸水流有哪几种不利流态？怎么避免？

工作任务： 根据设计资料，计算消力池的池长、池深及底板厚度；海漫的长度及构造；防冲槽的深度。

考核要点： 底流消能工设计的适用条件；消力池池深、池长、池厚的确定方法、步骤；辅助消能工的目的；海漫的布置、构造及长度的确定；防冲槽的作用、设计；波状水跃、折冲水流的防止措施；学习态度及团队协作能力。

水闸泄水时，水流具有较大的动能，而河、渠一般抗冲能力较低，闸下冲刷是一种普遍现象。为了保证水闸的安全运行，必须采取适当的消能防冲措施。

（1）一般情况下，水闸的上下游水位经常变化，出闸水流形式也不一样。消能设施应能在各种水力条件下，均能满足消能要求且上、下游水流能很好地衔接。

（2）当水闸的上下游水位差较小时，闸下易产生波状水跃。波状水跃消能效果较差，水流不能随翼墙扩散而减速，仍保持急流向下游流动，致使两侧产生回流，缩窄了河槽过水有效宽度，局部单宽流量加大，造成河床和两岸的严重冲刷。设计时可在水闸出流平台末端设一小槛，促使形成底流式消能，可比较好地解决波状水跃。

（3）过闸水流都是先收缩后扩散，若设计不当或管理不善，下泄水流不能均匀扩散，主流集中，形成折冲水流。对下游消能设施及河道破坏较大。因此，在设计布置时，闸室要对称布置（尤其是小型水闸）；上游河渠要有一定长度的直线段使水流平顺进入闸室；闸下游采用扩散角不太大（每侧宜为 0°～12°）的翼墙。同时，闸门启闭应严格遵守闸门操作规程。

水闸的消能方式一般为底流式消能。平原地区的水闸，水头低，下游河床抗冲能力差，所以不能采用挑流式消能；下游水位变化大，两岸抗冲能力也较弱，故也不能采用面流式消能。水闸底流式消能防冲设施一般由消力池、海漫和防冲槽部分组成。

3.2.1 消力池设计

1. 消力池的深度 d

消力池的深度是在某一给定的流量和相应的下游水深条件下确定的。设计时，应当选取最不利情况对应的流量作为确定消力池深度的设计流量。要求水跃的起点位于消力池的上游端或斜坡段的坡脚附近。消力池计算示意如图 3.3 所示。

◎ 3.2.1

为了降低工程造价，保证水闸安全运行，应制定合理的闸门开启程序，做到对称开启，关闭时对称进行。

孔口出流流量 Q

$$Q = \mu e b n \sqrt{2gH_0}$$

（3.18）

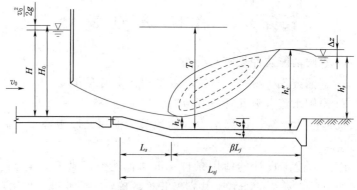

图 3.3 消力池计算示意

消力池的深度 d 应满足下列条件

$$d = \sigma_0 h''_c - h'_s - \Delta z \qquad (3.19)$$

其中

$$h''_c = \frac{h_c}{2}\left(\sqrt{1 + \frac{8\alpha q^2}{g h_c^3}} - 1\right)\left(\frac{b_1}{b_2}\right)^{0.25}$$

$$= \frac{h_c}{2}\left(\sqrt{1 + 8Fr^2} - 1\right)\left(\frac{b_1}{b_2}\right)^{0.25} \qquad (3.20)$$

$$Fr^2 = \frac{q^2}{g h_c^3} \qquad (3.21)$$

$$h_c^3 - T_0 h_c^2 + \frac{\alpha q^2}{2g\varphi^2} = 0 \qquad (3.22)$$

$$\Delta z = \frac{\alpha q^2}{2g\varphi^2 h'^2_s} - \frac{\alpha q^2}{2g h''^2_c} \qquad (3.23)$$

式中　　Q——下泄流量，m^3/s；

　　　　μ——宽顶堰上孔流流量系数，$\mu = \varepsilon'\varphi$；

　　　　e——闸门开启度；

　　　　b——闸孔单宽，m；

　　　　n——开启孔数，个；

　　　　H_0——堰上水头，m；

　　　　d——消力池的深度，m；

　　　　σ_0——水跃淹没系数，可采用 1.05～1.10；

　　　　h''_c——跃后水深，m；

　　　　h'_s——出池河床水深，m；

　　　　Δz——出池落差，m；

　　　　h_c——收缩水深，m；

　　　　α——水流的动能修整系数，可采用 1.00～1.05；

　　　　q——过闸单宽流量，$m^3/(s \cdot m)$；

　　　　b_1——消力池首端宽度，m；

34

b_2——消力池末端宽度，m；

Fr——跃前断面水流的弗劳德数，$Fr=\dfrac{Qg}{h_c\sqrt{gh_c}}$；

T_0——由消力池底板顶面算起的总势能，m；

φ——流速系数，一般取 0.95。

采用试算法。初次试算时，可按下列公式拟定

$$d_1=\sigma_0 h_c''-h_s' \tag{3.24}$$

计算步骤如下：

（1）计算出挖池前收缩水深 h_c。

$$h_c=\varepsilon' e \tag{3.25}$$

（2）计算出挖池前的跃后水深 h_c''。

（3）流态判别。通过比较挖池前跃后水深与下游水位进行流态判别：当 $h_c''<h_s'$，为淹没出流，池深为负值。当 $h_c''=h_s'$，为临界状态，池深为零。这两种情况理论上不必设置消力池，但通常把池底高程降低 $0.5\sim1.0\text{m}$，从而形成消力池，从而对稳定水跃，充分消能及调整消力池后的流速分布等有利。当 $h_c''>h_s'$，为自由出流的远驱式水跃，为保证各种开启高度情况下均能发生淹没水跃消能，按下面的内容进行计算：

（4）在 $1.05\sim1.10$ 之间，假设一个 σ_0 值，按公式 $d_1=\sigma_0 h_c''-h_s'$ 拟定 d_1。

（5）求出挖池后的总势能 T_0。

$$T_0=H+\frac{\alpha v_0^2}{2g} \tag{3.26}$$

式中　H——跃前断面的水深，m；

v_0——跃前断面的平均流速，m/s。

（6）按式（3.25）算出挖池后的收缩水深 h_c。

（7）按式（3.20）算出挖池后的跃后水深 h_c''。也可求出 Fr 后，查表 3.6，得出 η_1 值，按 $h_c''=\eta_1 h_c$ 可得 h_c''。

（8）按式（3.23）算出挖池后的出池落差 Δz。

（9）反算水跃淹没系数 σ_0

$$\sigma_0=\frac{d_1+h_s'+\Delta z}{h_c''} \tag{3.27}$$

如果水跃淹没系数 σ_0 值与第（4）步中假设的一致且满足 $1.05\leqslant\sigma_0\leqslant1.10$ 的条件，则初拟池深值 d_1 是合适的，否则还应继续进行试算，直到满足条件为止，所得的 d_n 即为消力池的深度。

（10）然后计算其他的组合情况。

经过计算，找出最大的池深、池长，作为相应的控制条件。同时考虑到经济及其他原因，防止消力池过深，对于池深过大所对应的开启孔数和开启高度应采取限开的措施。消力池池长、池深估算结果填入表 3.7。

表 3.6 矩形断面共轭水深比 η_1 与弗劳德数 Fr 的关系

$Fr^{2''}$	η_1	Fr^2	η_1	Fr^2	η_1	Fr^2	η_1	Fr^2	η_1	Fr^2	η_1
0.1	0.170			13	4.62	32	7.50	51	9.62	70	11.35
0.2	0.305			14	4.80	33	7.62	52	9.70	71	11.45
0.3	0.425			15	5.00	34	7.80	53	9.80	72	11.50
0.4	0.530			16	5.15	35	7.90	54	9.90	73	11.60
0.5	0.626			17	5.35	36	8.00	55	10.00	74	11.70
0.6	0.705			18	5.50	37	8.10	56	10.05	75	11.80
0.7	0.785			19	5.70	38	8.25	57	10.12	76	11.85
0.8	0.860			20	5.87	39	8.35	58	10.30	77	11.90
0.9	0.935			21	5.95	40	8.45	59	10.35	78	12.00
		3	2.00	22	6.17	41	8.60	60	10.50	79	12.05
		4	2.37	23	6.30	42	8.65	61	10.55	80	12.14
		5	2.70	24	6.45	43	8.80	62	10.60	81	12.20
		6	3.00	25	6.62	44	8.95	63	10.70	82	12.30
		7	3.27	26	6.70	45	9.05	64	10.80	83	12.40
		8	3.52	27	6.87	46	9.12	65	10.85	84	12.46
		9	3.75	28	7.00	47	9.20	66	10.95	85	12.57
		10	4.00	29	7.15	48	9.30	67	11.00		
		11	4.20	30	7.30	49	9.40	68	11.10		
		12	4.42	31	7.37	50	9.50	69	11.30		

注 $Fr^2 = v_c^2/gh_c = q^2/gh_c^3$；$Fr^{2''} = v_c''^2/gh_c'' = q^2/gh_c''^3$；$\eta_1 = h_c''/h_c$。

对于大型水闸,在初步设计阶段,其消力池深度和长度应在上述估算的基础上再进行水工模型试验验证。

表 3.7 池长、池深估算表

开启 孔数 n	开启 高度 e	单宽 流量 q	挖池后 收缩水深 h_c	跃后 水深 h_c''	下游 水深 h_s'	流态 判别	出池 落差 Δz	消力池尺寸		
								池深 d	水跃长度 L_j	池长 L_{sj}
备注	初次估算 d 时,按 $d_1 = \sigma_0 h_c'' - h_s'$ 拟定。其中 h_c'' 是未设消力池前的跃后水深									

2. 尾坎高度 c

在实际工程中常采用综合式消力池,设计时可以先定尾坎高度 c,取 $c = (0.1 \sim 0.3) h_s'$,(h_s' 为下游水深),然后再按前述挖深式消力池的算法确定下挖深度。

尾坎高度 c 应满足:

(1) 坎顶下游水深与上游壅高水深的比值 $h_n/H_1 \leqslant 0.85 \sim 0.90$（其中 $h_n = h_s' - c$；

$H_1 = h''_c - c$，H_1 为坎顶水深），使坎后形成较为平顺的衔接。

（2）坎顶高出闸室堰顶的数值，宜控制在 $0.05H$（H 为闸前上游水深）以内，以免影响水闸的泄水能力。

设坎高 c，得 $h_n = h'_s - c$；假定 H_{10}（$H_{10} = H_1 + \dfrac{\alpha v_{10}^2}{2g}$，$v_{10}$ 为坎顶行进流速），则根据 h_n/H_{10}，查表 3.8 得 σ_s，所以求得 $H_{10} = \left(\dfrac{q}{\sigma_s m \sqrt{2g}} \right)^{2/3}$，若与前面的假定值相等，则合适；若不等，则重新假定 H_{10}，继续试算，直至相等。

表 3.8 σ_s 值

h_n/H_{10}	≤0.45	0.50	0.55	0.60	0.65	0.70	0.72	0.74	0.76	0.78
σ_s	1.000	0.990	0.985	0.975	0.960	0.940	0.930	0.915	0.900	0.885
h_n/H_{10}	0.80	0.82	0.84	0.86	0.88	0.90	0.92	0.95	1.00	
σ_s	0.865	0.845	0.815	0.785	0.750	0.710	0.651	0.535	0.000	

池深的设计流量并不一定是水闸所通过的最大流量。

3. 消力池池长 L_{sj} 及底板厚度

（1）消力池池长 L_{sj}。根据消力池深度、斜坡段的坡度以及跃后水深和收缩水深等，运用下式来计算

$$L_{sj} = L_s + \beta L_j \tag{3.28}$$

其中
$$L_j = 6.9(h''_c - h_c) \tag{3.29}$$

式中 L_{sj}——消力池池长，m；

      L_s——消力池斜坡段水平投影长度，m，斜坡段的坡度不宜陡于 1:4；

      β——水跃长度校正系数，可采用 0.7~0.8；

      L_j——自由水跃长度，m。

消力池长度的设计流量应该是水闸所通过的最大流量。

在闸门开启过程中，下泄流量逐渐加大，下游渠道内形成洪水波向前推进，水位不能随流量的增加而同步上升，出现滞后现象。工程实践中，将闸门开度分成几个档次，计算时取用与上一档次泄量相应的水位作为下游水位。闸门开度应结合闸门操作调度方案一并考虑。

水闸在闸门初始开启时，下游渠道内无水，消力池末端形成自由跌落，池的设计水位应等于其末端的尾坎壅高的水位，因此，闸的初始开度的大小，对消能工的影响较大，大型工程的初始开度一般为 0.5m，中、小型水闸可以适当减小。但应注意不要停留在容易引起震动的开度上（因为闸门震动一般都是发生在小开度的位置上）。

（2）辅助消能工。在消力池内增设消力坎、消力齿、消力梁等辅助消能工，目的是加强紊动扩散，减小跃后水深，提高消能效果，减小消力池尺寸，达到节省工程量的目的，如图 3.4 所示。

（3）消力池底板厚度。消力池底板（即护坦）承受水流的冲击力、水流脉动压力和底部扬压力等作用，应具有足够的重量、强度、抗冲耐磨和抗浮的能力。

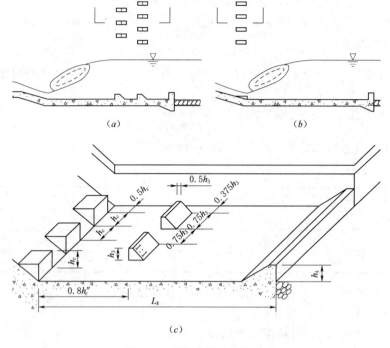

图 3.4 消力池辅助消能工

消力池底板厚度可根据抗冲和抗浮要求，分别按下式计算，并取其最大值。

按抗冲要求

$$t = k_1 \sqrt{q \sqrt{\Delta H}}$$ (3.30)

按抗浮要求

$$t = k_2 \frac{U - W \pm P_m}{\gamma_b}$$ (3.31)

式中 t——消力池底板始端厚度，m；

ΔH——闸孔泄水时的上、下游水位差，m；

k_1——消力池底板计算系数，可采用 0.15～0.20；

q——消力池进口处的单宽流量，m³/(s·m)；

k_2——消力池底板安全系数，可采用 1.1～1.3；

U——作用在消力池底板底面的扬压力，kPa；

W——作用在消力池底板顶面的水重，kPa；

P_m——作用在消力池底板上的脉动压力，kN，其值可取跃前收缩断面流速水头值的
5%；通常计算消力池底板前半部的脉动压力时取"+"号，计算消力池底板
后半部的脉动压力时取"－"号；

γ_b——消力池底板的饱和重度，kN/m³。

护坦一般是等厚的，也可采用不同的厚度，始端厚度大，向下游逐渐减小。消力池末
端厚度，可采用 $\frac{t}{2}$，但护坦厚度不宜小于 0.5m。

（4）消力池的构造。底流式消力池设施有挖深式、消力槛式和综合式三种，如图 3.5 所示。

1）当闸下游尾水深度小于跃后水深时，可采用挖深式消力池消能。

2）当闸下尾水深度略小于跃后水深时，可采用消力槛式消力池。

3）当闸下尾水深度远小于跃后水深，且计算消力池深度又较深时，可采用挖深式与消力槛式相结合的综合式消力池。

当水闸上、下游水位差较大，且尾水深度较浅时，宜采用二级或多级消力池消能。

底板一般用 C20 钢筋混凝土浇筑而成，并按构造配置 $\Phi10\sim12$、@25～30cm 的构造钢筋。大型水闸消力池的顶、底面均需配筋，中、小型的可只在顶面配筋。

为了降低护坦底部的渗透压力，在设计中，常在护坦下铺设水平滤层，在护坦的中、后部设置排水孔。排水孔孔径一般为 5～10cm，间距 1.0～3.0m，呈梅花形或矩阵形布置。

护坦与闸室底板、翼墙、海漫之间，以及其本身顺水流方向均应用缝分开，以适应沉陷和伸缩变形。护坦中顺水流方向的纵向缝最好与底板的缝错开，也不宜设置于对着闸孔中心线的位置，以减轻急流对纵向缝的冲刷作用。缝距一般不大于 20～30m，靠近翼墙的护坦缝距应取得小一些，以尽量减小翼墙及墙后填土的边荷载影响。缝宽一般为 1.0～2.5cm。护坦在垂直水流方向通常不设缝，以避免高速水流的冲刷破坏，保证护坦的稳定性。缝的位置若在闸基防渗范围内，缝中应设止水设备；如果不在防渗范围内的缝，一般铺贴三毡四油。

为增强护坦的抗滑稳定性，常在消力池的末端设置齿墙，墙深一般为 0.8～1.5m，宽 0.6～0.8m。

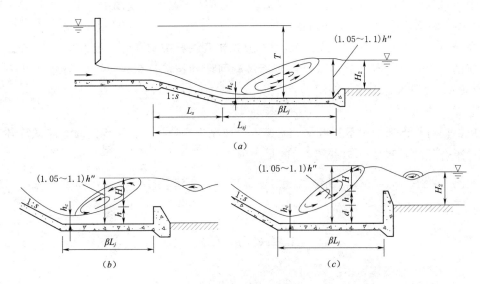

图 3.5　消力池
（a）挖深式；（b）消力槛式；（c）综合式

3.2.2 海漫设计

◆ 3.2.2

海漫的布置如图 3.6 所示。

由于出池后水流仍不稳定，对下游河床仍有较强的冲刷能力，所以应通过海漫进一步消除余能，调整流速分布，使水流底部流速恢复到正常状态，以免引起严重冲刷，并能排出闸基渗水。

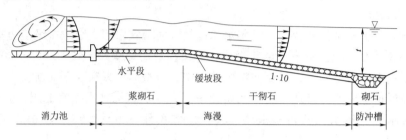

图 3.6 海漫布置示意

1. 海漫构造及要求

海漫起始水平段一般长 5～10m，其顶面高程可与护坦齐平或在消力池尾坎顶以下 0.5m 左右，水平段后面的斜坡宜做成等于或缓于 1：10。

要求：表面有一定的粗糙度；具有一定的透水性；具有一定的柔性，其结构和抗冲能力应与水流流速相适应。

2. 海漫常用结构

常用的有干砌石海漫、浆砌石海漫、混凝土板海漫、钢筋混凝土板海漫等。

一般在前段约 1/4 段采用浆砌块石或混凝土板结构，余下的后段常用干砌块石结构。大、中型水闸的干砌块石海漫，均用浆砌块石或混凝土格埂分块围护起来。格埂的间距为 10～15m，断面尺寸约 40cm×60cm。

海漫前段的混凝土厚度一般为 10～20cm，浆砌块石护砌厚度一般为 30～50cm。海漫底层应铺设砂砾、碎石垫层，以防止底流淘刷河床和被渗流带走基土，垫层厚度一般为 10～15cm。也可考虑应用土工织物。

3. 海漫长度

应根据可能出现的最不利水位、流量组合情况进行计算。在不确定时，应试算各种水位流量组合下的 q 和 $\Delta H'$ 以获得 L_p 的最大值。

当 $\sqrt{q_s\sqrt{\Delta H}}=1\sim9$，且消能扩散情况良好时，海漫长度可按下式列表计算，选取最大值。

$$L_p=k_s\sqrt{q_s\sqrt{\Delta H}} \qquad (3.32)$$

式中　L_p——海漫长度，m；

q_s——消力池末端单宽流量，m³/(s·m)；

ΔH——泄水时的上、下游水位差，m；

k_s——海漫长度计算系数，可查表 3.9 得出。

表 3.9 k_s 值

河床土质	粉砂、细砂	中砂、粗砂、粉质壤土	粉质黏土	坚硬黏土
k_s	14~13	12~11	10~9	8~7

海漫长度计算见表 3.10。

表 3.10   海 漫 长 度 计 算 表

流量 Q /(m³/s)	上游水深 H/m	下游水深 h_s/m	泄水时上、下游水位差 ΔH/m	消力池末端单宽流量 q_s/[m³/(s·m)]	海漫长度 L_p/m

3.2.3 防冲槽设计

防冲槽构造如图 3.7 所示。

1. 工作原理

在海漫末端挖槽抛石预留足够的石块，当水流冲刷河床形成冲坑时，预留在槽内的石块沿斜坡陆续滚下，铺在冲坑的上游斜坡上，防止冲刷坑向上

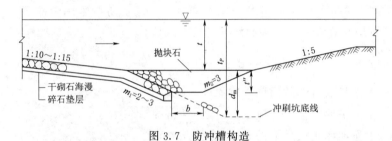

图 3.7 防冲槽构造

游扩展，保护海漫安全。

2. 冲坑深度

海漫末端的河床冲刷深度可按下式计算

$$d_m = 1.1 \frac{q_m}{[v_0]} - t \tag{3.33}$$

式中 d_m——海漫末端河床冲刷深度，m；

q_m——海漫末端单宽流量，m³/(s·m)；

$[v_0]$——河床土质允许的不冲流速，m/s，按表 3.11 查得；

t——海漫末端的河床水深，m。

表 3.11   粉性土质的不冲流速

土质	不冲流速/(m/s)	土质	不冲流速/(m/s)
轻壤土	0.60~0.80	重壤土	0.70~1.00
中壤土	0.65~0.85	黏土	0.75~0.95

3. 防冲槽深度 t''

根据河床冲刷深度 d_m 估算防冲槽深度 t''。参照工程实践经验，防冲槽大多采用宽浅

41

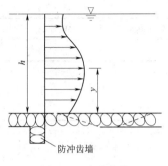

图 3.8 防冲齿墙

式。深度 t'' 一般取 $1.5\sim2.0$m，底宽 $b=(1\sim2)t''$，上游坡度系数取 $m_1=2\sim3$，下游坡度系数取 $m_2=3$。槽顶高程与海漫末端齐平，防冲槽的单宽抛石量 V 应满足护盖冲坑上游坡面的需要，可按下式估算

$$V=tL=td_m\sqrt{1+m^2} \tag{3.34}$$

式中　t——冲坑上游护面厚度，m；

　　　L——冲坑上游护面斜长，m；

　　　m——塌落的堆石形成的上游坡边坡系数。

在实际工程中，对于黏性土河床，不设防冲槽，但为了安全，常设置深约 1m 的齿墙。对于冲深较小的水闸，可采用 $1\sim3$m 深的齿墙（图 3.8）以代替防冲槽。

3.2.4 上、下游河岸的防护

上、下游河道两岸以及河床受冲刷也比较严重，需要设置护坡、护底。护坡、护底的材料可采用浆砌石、混凝土等。

为防止进闸水流冲刷河床而危及护底的安全，护底上游可采用防冲槽或防冲齿墙。上游护底首端的河床冲刷深度可按下式计算

$$d'_m=0.8\frac{q'_m}{[v_0]}-t' \tag{3.35}$$

式中　d'_m——上游护底首端的河床冲刷深度，m；

　　　q'_m——上游护底首端单宽流量，$m^3/(s\cdot m)$；

　　　$[v_0]$——上游河床土质允许的不冲流速，m/s；

　　　t'——上游护底首端河床水深，m。

▶ 3.2.4

▶ 3.2.5

任务3.3　防渗排水设计

问题思考： 1. 什么是地下轮廓线？

　　　　　2. 水闸水平防渗、垂直防渗的设施有哪些？

　　　　　3. 渗流计算的方法有哪些？各有何优缺点及适用性？

▶ 3.3

工作任务： 根据设计资料，初步拟定水闸地下轮廓线，并会用直线法或者改进阻力系数法进行闸基渗流计算。

考核要点： 地下轮廓线的拟定是否合理；布置的防渗、排水设施是否合理；改进阻力系数法的计算步骤是否准确；闸基各点的渗透压水头值是否正确，结果是否合理；学习态度及团队协作能力。

3.3.1 设计目的、任务及步骤

1. 防渗排水设计的目的

计算闸底板下扬压力的大小；验算渗流溢出处是否会发生渗透变形；计算渗透水量损失；合理地选择地下轮廓线的形式、尺寸，使工程安全可靠，经济合理。

2. 防渗排水设计的任务

经济合理地拟定地下轮廓线的形式和尺寸，采取必要和可靠的防渗排水措施，以消除和减小渗流对水闸的不利影响，保证闸室的抗滑稳定，闸基和两岸的渗透稳定。

3. 防渗排水设计的步骤

根据作用水头的大小、地基地质条件和下游排水情况，初步拟定地下轮廓线；进行渗流分析，计算闸底板渗透压力，并验算地基土的渗透稳定性；若抗滑稳定和渗透稳定均满足要求，即可采用初拟的地下轮廓线，否则，应重新修改地下轮廓线。

3.3.2　闸基防渗长度的确定

初步拟定闸基防渗长度应满足下式要求

$$L \geqslant C \Delta H \tag{3.36}$$

式中　　L——闸基防渗长度，即闸基轮廓线防渗部分水平段和垂直段长度的总和，m；

C——允许渗径系数，见表 3.12，当闸基设板桩时，可采用表中规定值的小值；

ΔH——上、下游最大水头差。

表 3.12　　　　　　　　　　　　　允许渗径系数 C 值

地基类别 排水条件	粉砂	细砂	中砂	粗砂	中砾、 细砾	粗砾夹 卵石	轻粉质 砂壤土	轻砂 壤土	壤土	黏土
有反滤层	13～9	9～7	7～5	5～4	4～3	3～2.5	9～7	7～5	5～3	3～2
无反滤层	—	—	—	—	—	—	—	—	7～4	4～3

3.3.3　闸基地下轮廓线的布置

在上、下游水位差的作用下，上游水从河床入渗，绕过上游铺盖、板桩、闸底板，经过反滤层由排水孔排至下游。其中，铺盖、板桩和闸底板等不透水部分与地基的接触线是闸基渗流的第一根流线，称为地下轮廓线。

▶3.3.3

地下轮廓线布置一般采用防渗与排水相结合的原则。即在高水位侧采用铺盖、板桩、齿墙等防渗设施，用以延长渗径减小渗透坡降和闸底板下的渗透压力；在低水位侧设置排水设施，如面层排水、排水孔或减压井与下游连通，使地基渗水尽快排出，以减水渗透压力，并防止在渗流出口附近发生渗透变形。

根据闸址附近的地质情况来确定采取相应的设施。对于黏性土，因其具有黏聚力，不易产生管涌，但摩擦系数较小，所以防渗措施常采用水平铺盖，而不用板桩，以免破坏黏土的天然结构，在板桩与地基间造成集中渗流通道；对于砂性土，因为土粒间无黏聚力，易产生管涌，主要考虑因素是防止渗透变形，所以可采用铺盖与板桩相结合的形式。

地下轮廓布置如图 3.9 所示。

1. 铺盖

铺盖为水平防渗措施，一般适用于黏性土地基和砂性土地基。主要是为了延长渗径，应具有相对的不透水性；为适应地基变形，也要有一定的柔性。按材料分有黏土铺盖（图 3.10）、黏壤土铺盖、混凝土铺盖、沥青混凝土铺盖、钢筋混凝土铺盖（图 3.11），以及水平防渗土工膜等。

铺盖的渗透系数应比地基土的渗透系数小 100 倍以上，最好达 1000 倍。

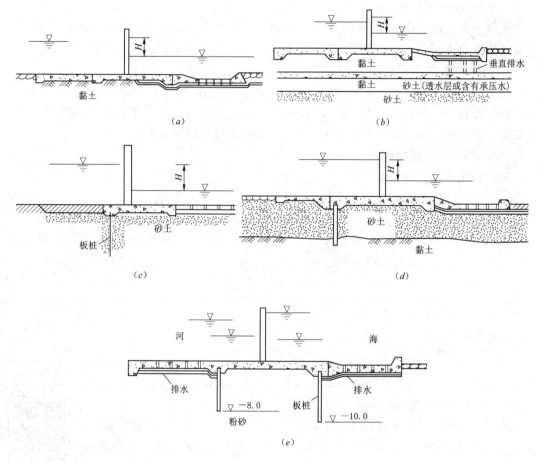

图 3.9　地下轮廓布置

黏性土地基：（a）黏性地基；（b）黏性地基夹有透水砂层

砂性土地基：（c）砂层厚度较深时；（d）砂层厚度较浅时；（e）易液化粉细砂土地基

铺盖的长度应由闸基防渗需要确定，一般采用上、下游最大水位差的 3～5 倍。

铺盖的厚度 δ 应根据铺盖土料的容许水力坡降值计算确定。即 $\delta = \Delta H / J$，其中，ΔH 为铺盖顶、底面的水头差，J 为材料的容许坡降，黏土为 4～8，壤土为 3～5。铺盖上游端的最小厚度由施工条件确定，一般为 0.6～0.8m，逐渐向闸室方向加厚至 1.0～1.5m。

铺盖与底板连接处为一薄弱部位，通常将底板前端做成斜面，使黏土能借自重及其上的荷载与底板紧贴，在连接处铺设油毛毡等止水材料，一端用螺栓固定在斜面上，另一端埋入黏土铺盖中。为了防止铺盖在施工期遭受破坏和运行期间被水流冲刷，应在其表面先铺设砂垫层，然后再铺设单层或双层块石护面。

2. 垂直防渗体

垂直防渗体包括板桩、高压喷射灌浆帷幕、地下连续墙、垂直土工膜等。

板桩为垂直防渗措施，适用于砂性土地基，一般设在闸底板上游端或铺盖前端，用于降低渗透压力，防止闸基土液化。

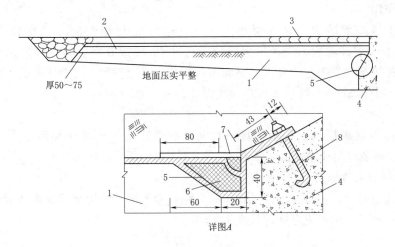

图 3.10 黏土铺盖（单位：cm）

1—黏土铺盖；2—垫层；3—浆砌块石保护层（或混凝土板）；4—闸室底板；

5—沥青麻袋；6—沥青填料；7—木盖板；8—斜面上螺栓

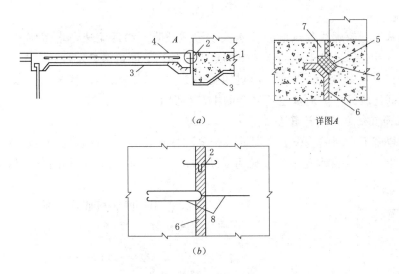

图 3.11 钢筋混凝土铺盖

1—闸底板；2—止水片；3—混凝土垫层；4—钢筋混凝土铺盖；

5—沥青玛琋脂；6—油毛毡两层；7—水泥砂浆；8—铰接钢筋

　　高压喷射灌浆帷幕是利用钻机把带有喷嘴的注浆管钻至土层预定深度以后，利用高压使浆液或水从喷嘴中喷射出来，冲击破坏土层。使土颗粒从土层中剥落下来，其中的一部分细颗粒随浆液或水冒出地面，其余的土颗粒与浆液搅拌混合，并按一定的浆土比例和质量要求，有规律地重新排列，浆液凝固后便在土层中形成圆形、条形或扇形固结体。实践证明，高压喷射灌浆法对淤泥、淤泥质土、黏性土、粉土、黄土、砂土、碎石土以及人工填土等地基均有良好的处理效果。

　　地下连续墙是一种不用模板而在地下建造的连续的混凝土墙体，具有截水、防渗、承重、挡土等作用。

垂直土工膜一般适用于透水层小于 12m；透水层中大于 5cm 的颗粒含量不超过 10%（重量计），且少量大石头的最大粒径不超过 15cm 或开槽设备允许的尺寸；透水层中的水位应能满足泥浆固壁的要求。材料可选用聚乙烯土工膜、复合土工膜、防水塑料板等，厚度不小于 0.5mm。拼接采用热熔法焊接。

3. 齿墙

齿墙一般设在底板的上、下游端，有利于抗滑稳定，并可延长渗径。一般深度为 0.5~1.5m，厚度为闸孔净宽的 1/8~1/5。

4. 闸底板长度的拟定

根据闸底板的形式，用经验公式计算，并综合考虑闸上结构布置及地基承载能力两方面要求，拟定闸底板顺水流方向的长度 $L_底$。

$$L_底 = AH \tag{3.37}$$

式中　A——系数，对于砂砾石地基可取 1.5~2.0，对于砂土、砂壤土地基可取 2.0~2.5，对于黏壤土地基可取 2.0~3.0，对于黏土地基可取 2.5~3.5；

　　　H——上、下游最大水头差，m。

3.3.4 渗流分析

计算闸基地下轮廓线各点的渗压水头、渗透坡降、渗透流速，求解闸基的渗透压力，并验算地基土在初步拟定的地下轮廓线下的抗渗稳定性。

▶ 3.3.4

常用的有全截面直线分布法、改进阻力系数法、流网法等；直线法一般用于地下轮廓比较简单，地基也不复杂的中、小型工程。

1. 全截面直线分布法计算渗透压力

（1）当岩基上水闸闸基设有水泥灌浆帷幕和排水孔时，闸底板底面上游端的渗透压力作用水头为 $H - h_s$，排水孔中心线处为 $\alpha(H - h_s)$，下游端为 0，其间各段依次以直线连接（图 3.12）。

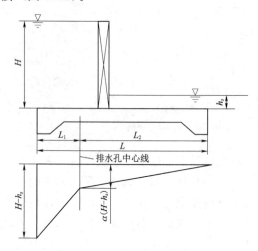

图 3.12　岩基上水闸闸底板底面的渗透压力
（设有水泥灌浆帷幕和排水孔时）

作用于闸底板底面上的渗透压力 U 可按下式计算

$$U = \frac{1}{2}\gamma(H - h_s)(L_1 + \alpha L) \tag{3.38}$$

式中　L_1——排水孔中心线与闸底板底面上游端的水平距离，m；

　　　L——闸底板底面的水平投影距离，m；

　　　α——渗透压力强度系数，可采用 0.25。

（2）当岩基上水闸闸基未设水泥灌浆帷幕和排水孔时，闸底板底面上游端的渗透压力作用水头为 $H - h_s$，下游端为 0，其间以直线连接（图 3.13）。

作用于闸底板底面上的渗透压力 U 可按下式计算

$$U = \frac{1}{2}\gamma(H - h_s)L \qquad (3.39)$$

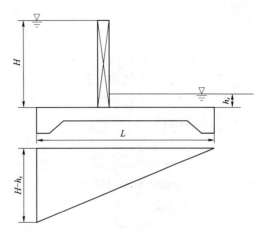

图 3.13 岩基上水闸闸底板底面的渗透压力
（未设水泥灌浆帷幕和排水孔时）

2. 改进阻力系数法计算渗透压力（土基上）

改进阻力系数法是一种以流体力学为基础的近似解法。对于比较复杂的地下轮廓，先将实际的地下轮廓进行适当简化，使之成为垂直和水平两个主要部分。再从简化的地下轮廓线上各角点和板桩尖端引出等势线，将整个渗流区域划分成几个简单的典型流段，即进出口段、内部垂直段和水平段，由公式计算出各典型段的阻力系数，即可算出任一流段的水头损失。将各段的水头损失由出口向上游依次叠加，即可求得各段分界线处的渗透压力以及其他渗流要素。

（1）有效深度计算值。土基上水闸的地基有效深度计算值 T_e 可按下式确定。

$$\left.\begin{array}{ll}
T_e = 0.5L_0 & \left(\text{当} \dfrac{L_0}{S_0} \geqslant 5 \text{ 时}\right) \\[3mm]
T_e = \dfrac{5L_0}{1.6\dfrac{L_0}{S_0} + 2} & \left(\text{当} \dfrac{L_0}{S_0} < 5 \text{ 时}\right)
\end{array}\right\} \qquad (3.40)$$

式中　T_e——土基上水闸的地基有效深度计算值，m；

　　　L_0——地下轮廓的水平投影长度，m；

　　　S_0——地下轮廓的垂直投影长度，m。

（2）有效深度值。当计算值 $T_e < T_{实际}$（地基实际深度）时，有效深度取计算值 T_e；当计算值 $T_e > T_{实际}$ 时，有效深度取实际值 $T_{实际}$。

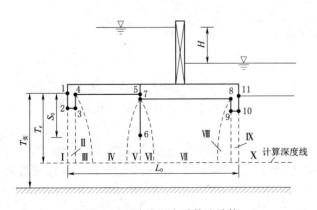

图 3.14 改进阻力系数法计算

（3）典型段的划分。简化地下轮廓，使之成为垂直和水平两个主要部分，出口处的齿墙或短板桩的入土深度应予保留，以便得到实有的出口坡降。用通过已经简化了的地下轮廓不透水部分各角点和板桩尖端的等势线，将地基分成若干段，使之成为典型渗流段，如图 3.14 所示。

（4）计算各典型段的阻力系数。

1）进、出口段（图 3.15）

$$\xi_0 = 1.5\left(\frac{S}{T}\right)^{\frac{3}{2}} + 0.441 \tag{3.41}$$

式中　ξ_0——进、出口段的阻力系数；

　　　S——板桩或齿墙的入土深度，m；

　　　T——地基透水层深度，m。

　　2）内部垂直段（图 3.16）

$$\xi_y = \frac{2}{\pi}\ln\cot\left[\frac{\pi}{4}\left(1 - \frac{S}{T}\right)\right] \tag{3.42}$$

式中　ξ_y——内部垂直段的阻力系数。

　　3）水平段（图 3.17）

$$\xi_x = \frac{L_x - 0.7(S_1 + S_2)}{T} \tag{3.43}$$

式中　ξ_x——水平段的阻力系数；

　　　L_x——水平段长度，m；

S_1、S_2——进、出口段板桩或齿墙的入土深度，m。

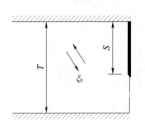 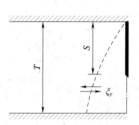 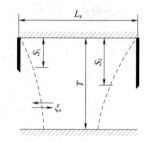

图 3.15　进、出口段阻力　　　图 3.16　内部垂直段阻力　　　图 3.17　水平段阻力
　　系数计算图　　　　　　　　　系数计算图　　　　　　　　系数计算图

（5）计算各分段的水头损失。

$$h_i = \xi_i \frac{\Delta H}{\sum\limits_{i=1}^{n} \xi_i} \tag{3.44}$$

式中　ξ_i——各分段的阻力系数；

　　　n——总分段数。

（6）进、出口段水头损失值和渗透压力分布图形。以直线连接各分段计算点的水头值，即得渗透压力的分布图形。进、出口段水头损失值和渗透压力分布图形如图 3.18 所示，可按下列方法进行局部修正。

1）当进、出口板桩较短时，进、出口处的渗流坡降呈急变曲线形式，由式（3.44）算得的进、出口水头损失与实际情况相差较大，需进行必要的修正。进、出口段修正后的水头损失值按下式计算

$$h_0' = \beta' h_0 \tag{3.45}$$

$$h_0 = \sum_{i=1}^{n} h_i \tag{3.46}$$

$$\beta' = 1.21 - \frac{1}{\left[12\left(\dfrac{T'}{T}\right)^2 + 2\right]\left(\dfrac{S'}{T} + 0.059\right)} \tag{3.47}$$

式中 h_0'——进、出口段修正后的水头损失值，m；

$\quad\quad h_0$——进、出口段水头损失值，按式（3.44）计算，m；

$\quad\quad \beta'$——阻力修正系数，可按式（3.47）计算，当计算的 $\beta' \geq 1.0$ 时，采用 $\beta' = 1.0$；

$\quad\quad S'$——底板埋深与板桩入土深度之和，m；

$\quad\quad T'$——板桩另一侧地基透水层深度或齿墙底部至计算深度线的铅直距离，m。

2）当计算的 $\beta' < 1.0$ 时，应修正。修正后水头损失的减小值为

$$\Delta h = (1 - \beta')h_0 \tag{3.48}$$

式中 Δh——修正后水头损失的减小值，m。

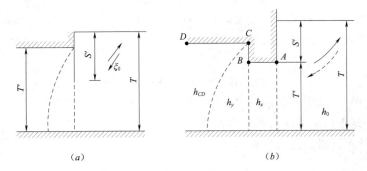

图 3.18 进、出口渗流计算示意

（a）有板桩的进出口渗流计算示意；（b）有齿墙的进出口渗流计算示意

3）水力坡降呈急变形式的长度 L_x' 可按下式计算

$$L_x' = \frac{\dfrac{\Delta h}{\Delta H} T}{\sum_{i=1}^{n} \xi_i} \tag{3.49}$$

4）出口段渗透压力分布图形可按下列方法进行修正（图 3.19）。图中的 QP' 为原有水力坡降线，根据式（3.48）和式（3.49）计算的 Δh 和 L_x' 值，分别定出 P 点和 O 点，连接 QOP，即为修正后的水力坡降线。

（7）进、出口段齿墙不规则部位的修正（图 3.20）。水头损失值的详细计算如下，先用进出口段的前一段水头损失与修正后水头损失的减小值相比较。

1）当 $h_x \geq \Delta h$ 时，则按下式修正

$$h_x' = h_x + \Delta h$$

式中 h_x——水平段的水头损失值，m；

$\quad\quad h_x'$——修正后的水平段水头损失值，m。

49

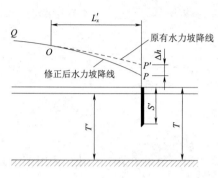

图 3.19 出口段渗透压力分布图
形修正示意

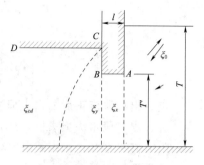

图 3.20 进、出口段齿墙不规则
部位修正示意

2）当 $h_x < \Delta h$ 时，则与进、出口段的前二段水头损失的和相比较，若 $h_x + h_y \geqslant \Delta h$，则按下式修正

$$h'_x = 2h_x, h'_y = h_y + \Delta h - h_x$$

式中 h_y——内部垂直段的水头损失值，m；

h'_y——修正后的内部垂直段水头损失值，m。

若 $h_x + h_y < \Delta h$，则按下式修正

$$h'_y = 2h_y, h'_{CD} = h_{CD} + \Delta h - (h_x + h_y)$$

式中 h_{CD}——图 3.20 中 CD 段的水头损失值，m；

h'_{CD}——修正后的 CD 段水头损失值，m。

（8）列表计算。根据公式列表 3.13 计算。

表 3.13　　　　　　　　　　　各典型段水头损失计算表

编号	名称	S	S_1	S_2	T	L	ξ	h_i	h'_i
Ⅰ									
Ⅱ									
Ⅲ									
...									

（9）绘制闸下渗压分布图。以直线连接修正后的各分段计算点的水头值，即得修正后的渗透压力分布图形。

（10）出口段渗流坡降值。为了保证闸基的抗渗稳定性，要求出口段的渗流坡降值（逸出坡降值）$J_{出}$ 必须小于规定的允许值 $[J]_{出}$。

出口段渗流坡降值 $J_{出}$ 按下式计算

$$J_{出} = \frac{h'_0}{S'} \tag{3.50}$$

式中 h'_0——进、出口段修正后的水头损失值，m；

S'——底板埋深与板桩入土深度之和，m。

（11）验算闸基抗渗稳定性。验算闸基抗渗稳定性时，要求水平段和出口段的渗流坡降必须分别小于规定的水平段允许值 $[J]_{水平}$ 和出口段允许值 $[J]_{出口}$（表 3.14）。

表 3.14　　　　　　　　　　　　水平段和出口段的允许渗流坡降值 [J]

分段	地 基 类 别										
	粉砂	细砂	中砂	粗砂	中砾细砾	粗砾夹卵石	砂壤土	壤土	软黏土	坚硬黏土	极坚硬黏土
水平段	0.05～0.07	0.07～0.10	0.10～0.13	0.13～0.17	0.17～0.22	0.22～0.28	0.15～0.25	0.25～0.35	0.30～0.40	0.40～0.50	0.50～0.60
出口段	0.25～0.30	0.30～0.35	0.35～0.40	0.40～0.45	0.45～0.50	0.50～0.55	0.40～0.50	0.50～0.60	0.60～0.70	0.70～0.80	0.80～0.90

注　当渗流出口处设反滤层时，表列数值可加大 30%。

3.3.5　防渗措施

防渗设施是指构成地下轮廓的铺盖、板桩及齿墙，而排水设施则是指铺设在护坦、浆砌石海漫底部或闸底板下游段起导渗作用的砂砾石层。排水常与反滤层结合使用。

对于中壤土、轻壤土、重砂壤土多采用铺盖防渗，铺盖材料常用黏土、黏壤土、沥青混凝土、钢筋混凝土、土工膜。

对于砂性土地基，一般采用铺盖加垂直防渗体（钢筋混凝土板桩、水泥砂浆帷幕、高压喷射灌浆、混凝土防渗墙、土工膜垂直防渗结构）相结合的形式，延长渗径，降低平均渗流坡降。

3.3.6　排水设施

1. 排水设计

（1）水平排水的布置。土基上的水平排水采用直径为 1～2cm 的卵石、砾石或碎石等平铺在预定范围内，最常见的是在护坦底部和浆砌石海漫底部，或伸入底板下游齿墙稍前方，厚 0.2～0.3m。为防止渗透变形，应在排水与地基接触处做好反滤层。

反滤层一般由二层或三层无黏性土料组成，它们的粒径沿渗流方向逐渐加大。设计反滤层应遵循以下原则：较细一层的颗粒不应穿过颗粒较大一层的孔隙；被保护土的颗粒不应穿过反滤层而被带走，但特别小的颗粒例外；每一层内的颗粒在层内不应发生移动；反滤层不应被堵塞。

（2）铅直排水的布置。常见的铅直排水为设置在消力池前端的出流平台上的减压井和护坦后部设置的排水孔。

减压井周围设反滤层，防止溢出坡降大而产生管涌和流土。护坦后部设排水孔，孔径一般为 5～10cm，间距应大于或等于 3m，按梅花形排列。排水孔下应设反滤层，防止渗透变形。

（3）侧向排水的布置。为排除渗水，单向水头的水闸可在下游翼墙和护坡上设置排水设施。排水设施可根据墙后回填土的性质选用不同的形式，如图 3.21 所示。

1）排水孔。为排除墙后的渗水，在下游墙上，每隔 2～4m 留一直径 5～10cm 的排水孔，孔端包土工布，外设反滤层。这种布置适用于透水性较强的砂性回填土。

2）连续排水垫层。在墙背上覆盖一层用透水材料做成的排水垫层，使渗水经排水孔排向下游。这种布置适用于透水性很差的黏性回填土。连续排水垫层也可沿开挖边坡铺设。

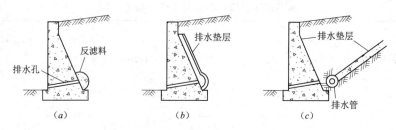

图 3.21 下游翼墙后的排水设施

2. 细部构造

凡具有防渗要求的缝，都应设止水设备。止水分水平止水和铅直止水两种。

水平止水设置在铺盖、消力池与底板和翼墙、底板与闸墩间以及混凝土铺盖及消力池本身的温度沉降缝内（图 3.22）。

铅直止水设置在闸墩中间，边墩与翼墙间以及上游翼墙本身（图 3.23）。

在无防渗要求的缝中，一般铺贴沥青毛毡。

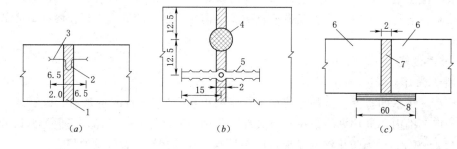

图 3.22 水平止水（单位：cm）

1—柏油油毛毡伸缩缝；2—灌 3 号松香柏油；3—纯铜片 0.1cm（或镀锌铁片 0.12cm）；4—φ7 柏油麻绳；
5—橡胶止水片；6—护坦；7—柏油油毛毡；8—三层麻袋二层油毡浸沥青

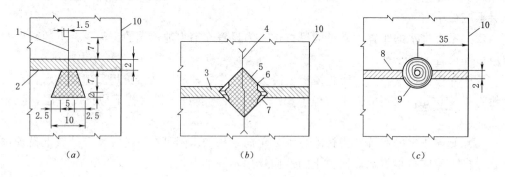

图 3.23 铅直止水（单位：cm）

1—纯铜片和镀锌铁片（厚 0.1cm，宽 18cm）；2—两侧各 0.25cm 柏油油毛毡伸缩缝，其余为柏油沥青席；
3—沥青油毛毡及沥青杉板；4—金属止水片；5—沥青填料；6—加热设备；7—角铁（镀锌铁片）；
8—柏油油毛毡伸缩缝；9—φ10 柏油油毛毡；10—临水面

项目4 闸室稳定分析

【知识目标】

1. 了解水闸不同工况下荷载情况。

2. 掌握不同地基下地基处理的方法。

3. 掌握提高闸室抗滑稳定的措施。

【能力目标】

1. 能计算不同工况下水闸受到的荷载。

2. 会计算地基沉降量。

3. 会进行岸墙、翼墙稳定计算。

任务4.1　荷载计算及荷载组合

问题思考：1. 水闸设计一般考虑哪几种工况？

　　　　　　2. 不同工况下水闸的荷载情况是否一样？

工作任务：根据设计资料，计算水闸不同工况下的荷载。

考核要点：水平水压力、扬压力的计算；各个计算步骤是否准确，计算结果是否合理；学习态度及团队协作能力。

▶4.1

　　水闸竣工时，地基所受的压力最大，沉降也较大。过大的沉降，特别是不均匀沉降，会使闸室倾斜，影响水闸的正常运行。当地基承受的荷载过大，超过其容许承载力时，将使地基整体发生破坏。水闸在运用期间，受水平推力的作用，有可能沿地基面或深层滑动。因此，必须分别验算水闸在不同工作情况下的稳定性。对于孔数较少而未分缝的小型水闸，可取整个闸室（包括边墩）作为验算单元；对于孔数较多设有沉降缝的水闸，则应取两缝之间的闸室单元分别进行验算。

　　闸室能否满足地基承载力的要求及抗滑稳定的要求，在闸室稳定计算中检验。

4.1.1　设计工况

　　根据水闸运用过程中可能出现的所有情况进行分析，寻找最不利情况进行闸室稳定及地基承载力验算。

　　完建无水期是水闸建成后尚未投入使用，此时竖向荷载最大，且无扬压力，最容易发生沉陷及不均匀沉陷，是地基承载力验算的控制情况。

　　正常运用期是工作闸门关门挡水，下游无水，此时上下游水位差最大，水平推力大，且闸底板下扬压力最大，最容易发生闸室滑动失稳破坏，是抗滑稳定的控制情况。

　　完建无水期和正常运用期均为基本荷载组合。

4.1.2 荷载计算

水闸承受的主要荷载有：水闸结构自重、水重、水平静水压力、基底扬压力、淤沙压力、浪压力、土压力及地震荷载等。

1. 计算水闸结构自重

水闸结构自重包括底板自重、闸墩自重、胸墙自重、启闭机自重、工作桥自重、交通桥自重、检修桥自重等。水闸结构自重应按其几何尺寸及材料重度计算确定。水闸结构使用的建筑材料主要有混凝土、钢筋混凝土、浆砌块石。混凝土的重度可采用 $23.5 \sim 24.0 \text{kN/m}^3$，钢筋混凝土的重度可采用 $24.5 \sim 25.0 \text{kN/m}^3$，浆砌块石的重度可采用 $21.0 \sim 23.0 \text{kN/m}^3$。

闸门、启闭机及其他永久设备应尽量采用实际重量，但是，一般在稳定计算时，闸门设计还没有完成，因此可以根据门型参照下列经验公式计算。

露顶式平面钢闸门，当 $5\text{m} \leqslant H \leqslant 8\text{m}$ 时

$$G = K_z K_c K_g H^{1.43} B^{0.08} \tag{4.1}$$

当 $H > 8\text{m}$ 时

$$G = 0.012 K_z K_c H^{1.65} B^{1.85} \tag{4.2}$$

露顶式弧形闸门，当 $B \leqslant 10\text{m}$ 时

$$G = K_c K_b H_s H^{0.42} B^{0.33} \tag{4.3}$$

当 $H > 10\text{m}$ 时

$$G = K_c K_b H_s H^{0.63} B^{1.1} \tag{4.4}$$

潜孔式平面滚轮闸门

$$G = 0.073 K_1 K_2 K_3 A^{0.93} H_s^{0.79} \tag{4.5}$$

潜孔式平面滑动闸门

$$G = 0.022 K_1 K_2 K_3 A^{1.34} H_s^{0.63} \tag{4.6}$$

潜孔式弧形闸门

$$G = 0.012 K_2 A^{1.27} H_s^{1.06} \tag{4.7}$$

式中 G——闸门重力，10kN；

     H——孔口高度，m；

     B——孔口宽度，m；

     K_z——闸门行走支承系数，滑动式支承，$K_z = 0.81$；滚轮式支承，$K_z = 1.0$；台车式支承，$K_z = 1.3$；

     K_c——材料系数，普通碳素钢 $K_c = 1.0$，普通低合金结构钢 $K_c = 0.8$；

     K_g——孔口高度系数，当 $H < 5\text{m}$ 时，$K_g = 0.156$；当 $5\text{m} \leqslant H \leqslant 8\text{m}$ 时，$K_g = 0.13$；

     A——孔口面积，m^2；

     H_s——设计水头，m；

     K_1——闸门工作性质系数，对潜孔式平面滚轮闸门，工作闸门 $K_1 = 1.0$，检修闸门 $K_1 = 0.9$；对潜孔式平面滑动闸门，工作闸门 $K_1 = 1.1$，检修闸门 $K_1 = 1.0$；

     K_2——孔口高宽比修正系数，潜孔式平面闸门：当 $H/B < 1$ 时，$K_2 = 1.10$，当 $1 \leqslant$

$H/B<2$ 时，$K_2=1.00$，当 $H/B\geqslant2$ 时，$K_2=0.93$；潜孔式弧形闸门：当

$H/B<3$ 时，$K_2=1.00$，当 $H/B\geqslant3$ 时，$K_2=1.2$；

K_3——水头修正系数，对潜孔式平面滚轮闸门，当 $H_s<60\text{m}$ 时，$K_3=1.0$，当 H_s

$\geqslant60\text{m}$ 时，$K_3=\left(\dfrac{H_s}{A}\right)^{\frac{1}{4}}$；对潜孔式平面滑动闸门，当 $H_s<70\text{m}$ 时，$K_3=$

1.0，当 $H_s\geqslant70\text{m}$ 时，$K_3=\left(\dfrac{H_s}{A}\right)^{\frac{1}{4}}$；

K_b——孔口宽度系数，当 $B\leqslant5\text{m}$ 时，$K_b=0.29$；当 $5\text{m}<B\leqslant10\text{m}$ 时，$K_b=$

0.472；当 $10\text{m}<B\leqslant20\text{m}$ 时，$K_b=0.075$；当 $B>20\text{m}$ 时，$K_b=0.105$。

2. 计算水重

作用在水闸底板上的水重应按其实际体积及水的重度计算，水的重度可采用 $10\text{kN}/\text{m}^3$。在多泥沙河流上的水闸，还应考虑含沙量对水的重度的影响，浑水的重度可采用 $10.5\sim11.0\text{kN}/\text{m}^3$。

3. 计算水平静水压力

水平静水压力指作用于胸墙、闸门、闸墩及底板上的水平水压力。上下游应分别计算，应根据水闸不同运用情况时的上、下游水位组合条件确定。

对于黏土铺盖，如图 4.1（a）所示，a 点压强按静水压力计算，b 点取该点的扬压力值，两者之间按线性规律考虑。

$$p_a=\gamma H_a \tag{4.8}$$

$$p_b=u_{bs}+u_{bf}=\gamma H_{bs}+\gamma H_{bf} \tag{4.9}$$

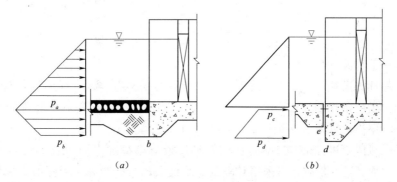

图 4.1　上游水压力计算

（a）黏土铺盖与底板的连接；（b）混凝土铺盖与底板的连接

对于混凝土铺盖，止水片以上仍按静水压力计算，以下按梯形分布，如图 4.1（b）所示，d 点取该点的扬压力值，止水片底面 c 点的水压力等于该点的浮托力加 e 点处的渗透压力，即认为 c、e 点间无渗压水头损失。即

$$p_{c\text{下}}=u_{es}+u_{cf}=\gamma H_{es}+\gamma H_{cf} \tag{4.10}$$

$$p_d=u_{ds}+u_{df}=\gamma H_{ds}+\gamma H_{df} \tag{4.11}$$

4. 计算基底扬压力

扬压力是作用在底板上渗透压力和浮托力之和。

5. 计算淤沙压力

根据水闸上、下游可能淤积的厚度及泥沙重度等计算确定（图 4.2）。单位闸宽上的水平淤沙压力为

$$P_s = \frac{1}{2} \gamma_{sb} h_s^2 \tan\left(45° - \frac{\varphi_s}{2}\right) (\text{kN/m}) \tag{4.12}$$

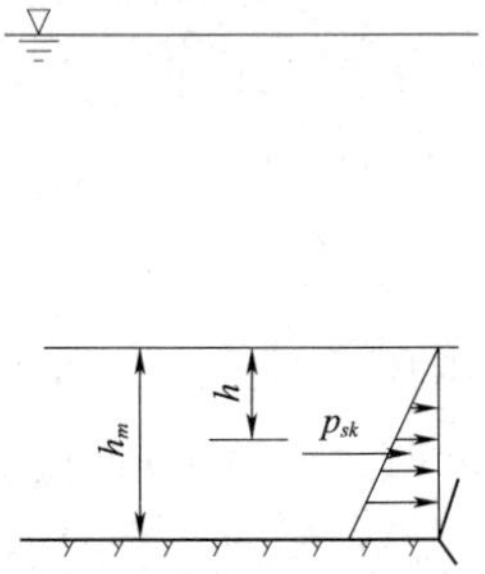

其中

$$\gamma_{sb} = \gamma_{sd} - (1 - n)\gamma$$

式中　γ_{sb}——淤沙的浮重度，kN/m^3；

γ_{sd}——淤沙的干重度，kN/m^3；

γ——水的重度，kN/m^3；

n——淤沙的孔隙率；

图 4.2　淤沙压力计算　　h_s——闸前估算的泥沙淤积厚度，m；

φ_s——淤沙的内摩擦角，(°)。

6. 计算浪压力

按以下步骤分别计算波浪要素以及波浪压力。波浪要素可根据水闸运用条件、计算情况下闸前风向、风速、风区长度、风区内的平均水深等因素计算。波浪压力应根据闸前水深和实际波态进行计算。

(1) 平原、滨海地区水闸按莆田试验站公式计算 gh_m/v_0^2 和 gT_m/v_0，即

$$\frac{gh_m}{v_0^2} = 0.13\text{th}\left[0.7\left(\frac{gH_m}{v_0^2}\right)^{0.7}\right]\text{th}\left\{\frac{0.0018\left(\frac{gD}{v_0^2}\right)^{0.45}}{0.13\text{th}\left[0.7\left(\frac{gH_m}{v_0^2}\right)^{0.7}\right]}\right\} \tag{4.13}$$

$$\frac{gT_m}{v_0} = 13.9\left(\frac{gh_m}{v_0^2}\right)^{0.5} \tag{4.14}$$

式中　h_m——平均波高，m；

v_0——计算风速，m/s，当浪压力参与荷载的基本组合时，可采用当地气象台站提供的重现期为 50 年的年最大风速；当浪压力参与荷载的特殊组合时，可采用当地气象台站提供的多年平均年最大风速；

D——风区长度，m，当闸前水域较宽广或对岸最远水面距离不超过水闸前沿水面宽度 5 倍时，可采用对岸至水闸前沿的直线距离；当闸前水域较狭窄或对岸最远水面距离超过水闸前沿宽度 5 倍时，可采用水闸前沿水面宽度的 5 倍；

H_m——风区内的平均水深，m，可由沿风向作出的地形剖面图求得，其计算水位应与相应计算情况下的静水位一致；

T_m——平均波周期，s。

(2) 根据水闸级别，由表 4.1 查得水闸的设计波列累积频率 p 值。

(3) 确定平均波长。平均波长 L_m 值可按下式计算，也可由表 4.2 查得。

$$L_m = \frac{gT_m^2}{2\pi}\text{th}\frac{2\pi H}{L_m} \tag{4.15}$$

式中　H——闸前水深，m。

表 4.1　　　　　　　　　　　　　　　　　　　　p 值

水闸级别	1	2	3	4	5
$p/\%$	1	2	5	10	20

表 4.2　　　　　　　　　　　　　　　　　　　　L_m 值

H /m	T_m/s													
	2	3	4	5	6	7	8	9	10	12	14	16	18	20
1.0	5.22	8.69	12.00	15.24	18.44	21.62	24.79	27.96	31.11	37.41	43.70	49.98	56.26	62.54
2.0	6.05	11.31	16.23	20.95	25.58	30.16	34.69	39.20	43.70	52.66	61.59	70.50	79.40	88.29
3.0	6.22	12.68	18.96	24.93	30.72	36.41	42.03	47.61	53.16	64.19	75.17	86.12	97.04	107.95
4.0		13.41	20.86	27.95	34.77	41.44	48.01	54.51	60.96	73.77	86.50	99.18	111.82	124.44
5.0		13.76	22.20	30.31	38.09	45.66	53.08	60.41	67.68	82.08	96.37	110.59	124.76	138.90
6.0		13.93	23.13	32.19	40.87	49.27	57.50	65.61	73.62	89.49	105.20	120.82	136.38	151.90
7.0			23.78	33.69	43.22	52.42	61.41	70.24	78.96	96.19	113.23	130.15	147.00	163.79
8.0			24.21	34.89	45.22	55.19	64.90	74.43	83.82	102.33	120.62	138.77	156.82	174.80
9.0			24.49	35.84	46.94	57.65	68.05	78.24	88.27	108.01	127.49	146.79	165.98	185.09
10.0			24.68	36.59	48.41	59.82	70.90	81.73	92.37	113.30	133.91	154.31	174.58	194.76
12.0			24.87	37.64	50.73	63.49	75.85	87.90	99.73	122.89	145.64	168.13	190.44	212.62
14.0				38.25	52.42	66.40	79.98	93.20	106.14	131.42	156.18	180.61	204.82	228.87
16.0				38.61	53.62	68.72	83.45	97.78	111.78	139.09	165.76	192.02	218.02	243.83
18.0				38.80	54.47	70.55	86.35	101.75	116.79	146.03	174.53	202.55	230.25	257.72
20.0					55.05	71.98	88.79	105.21	121.24	152.36	182.62	212.33	241.66	270.72
22.0					55.44	73.10	90.83	108.22	125.21	158.15	190.12	221.45	252.35	282.95
24.0					55.71	73.96	92.53	110.85	128.75	163.47	197.10	230.00	262.42	294.49
26.0					55.88	74.61	93.94	113.13	131.93	168.36	203.61	238.05	271.94	305.44
28.0						75.10	95.10	115.10	134.76	172.87	209.70	245.64	280.96	315.85
30.0						75.47	96.05	116.82	137.29	177.04	215.41	252.81	289.54	325.78

（4）相应于波列累积频率 p 的波高 h_p 与平均波高 h_m 的比值可由表 4.3 查得，从而计算出 h_p。

表 4.3　　　　　　　　　　　　　　　　　　　　h_p/h_m 值

$\dfrac{h_m}{H_m}$	$p/\%$					
	1	2	5	10	20	50
0.0	2.42	2.23	1.95	1.71	1.43	0.94
0.1	2.26	2.09	1.87	1.65	1.41	0.96
0.2	2.09	1.96	1.76	1.59	1.37	0.98
0.3	1.93	1.82	1.66	1.52	1.34	1.00
0.4	1.78	1.68	1.56	1.44	1.30	1.01
0.5	1.63	1.56	1.46	1.37	1.25	1.01

(5) 计算浪压力。作用于水闸铅直或近似铅直迎水面上的浪压力，应根据闸前水深和实际波态，分别按下列规定计算：

1) 当 $H \geqslant H_k$ 和 $H \geqslant \dfrac{L_m}{2}$ 时，浪压力可按式（4.16）和式（4.17）计算，计算示意图如图 4.3 所示。

$$P_1 = \frac{1}{4}\gamma L_m (h_p + h_z) \tag{4.16}$$

$$h_z = \frac{\pi h_p^2}{L_m}\coth \frac{2\pi H}{L_m} \tag{4.17}$$

$$H_k = \frac{L_m}{4\pi}\ln \frac{L_m + 2\pi h_p}{L_m - 2\pi h_p} \tag{4.18}$$

式中　P_1——作用于水闸迎水面上的浪压力，kN/m；

　　　h_p——累积频率为 p（%）的波高，m；

　　　h_z——波浪中心超出计算水位的高度，m；

　　　H_k——使波浪破碎的临界水深，m。

2) 当 $H \geqslant H_k$ 和 $H < \dfrac{L_m}{2}$ 时，浪压力按式（4.19）和式（4.20）计算，计算示意如图 4.4 所示。

$$P_1 = \frac{1}{2}\left[(h_p + h_z)(\gamma H + p_s) + H p_s\right] \tag{4.19}$$

$$p_s = \gamma h_p \operatorname{sech} \frac{2\pi H}{L_m} \tag{4.20}$$

式中　p_s——闸墩（闸门）底面处的剩余浪压力强度，kPa。

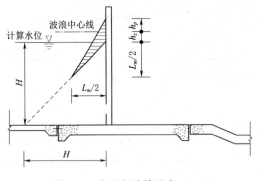

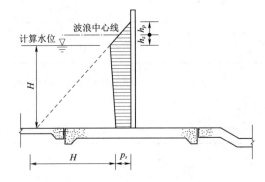

图 4.3　浪压力计算示意（一）　　　　　图 4.4　浪压力计算示意（二）

3) 当 $H < H_k$ 时，浪压力可按式（4.21）和式（4.22）计算，计算示意图如图 4.5 所示。

$$P_1 = \frac{1}{2}P_j\left[(1.5 - 0.5\eta)(h_p + h_z) + (0.7 + \eta)H\right] \tag{4.21}$$

$$P_j = K_i\gamma(h_p + h_z) \tag{4.22}$$

式中　P_j——计算水位处的浪压力强度，kPa；

　　　η——闸墩（闸门）底面处的浪压力强度折
　　　　　减系数，当 $H \leqslant 1.7(h_p + h_z)$ 时，
　　　　　可采用 0.6；当 $H > 1.7(h_p + h_z)$
　　　　　时，可采用 0.5；

　　　K_i——闸前河（渠）底坡影响系数，可
　　　　　按表 4.4 采用。表中 i 为闸前一
　　　　　定距离内河（渠）底坡的平
　　　　　均值。

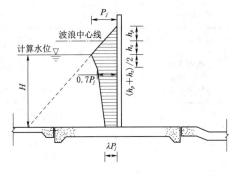

图 4.5　浪压力计算示意（三）

表 4.4　　　　　　　　　　　　　　　　K_i 值

i	1/10	1/20	1/30	1/40	1/50	1/60	1/80	$\leqslant$1/100
K_i	1.89	1.61	1.48	1.41	1.36	1.33	1.29	1.25

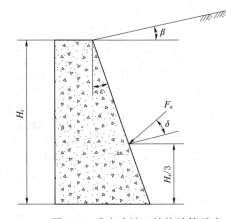

图 4.6　重力式挡土结构计算示意

7. 计算土压力

土压力应根据填土性质、挡土高度、填土内的地下水位、填土顶面坡角及超荷载等计算确定。对于向外侧移动或转动的挡土结构，可按主动土压力计算；对于保持静止不动的挡土结构，可按静止土压力计算。

（1）重力式挡土结构后的土压力计算。对于重力式挡土结构，当墙后填土为均质无黏性土时，主动土压力按式（4.23）和式（4.24）计算，计算简图如图 4.6 所示。

$$F_a = \frac{1}{2}\gamma_t H_t^2 K_a \qquad (4.23)$$

$$K_a = \frac{\cos^2(\phi_t - \varepsilon)}{\cos^2\varepsilon \cos(\varepsilon + \delta)\left[1 + \sqrt{\dfrac{\sin(\phi_t + \delta)\sin(\phi_t - \beta)}{\cos(\varepsilon + \delta)\cos(\varepsilon - \beta)}}\right]^2} \qquad (4.24)$$

式中　F_a——作用在水闸挡土结构上的主动土压力，kN/m，其作用点距墙底为墙高的 $\dfrac{1}{3}$

　　　　　处，作用方向与水平面成（$\varepsilon + \delta$）夹角；

　　　γ_t——挡土结构墙后填土重度，kN/m³，地下水位以下取浮重度；

　　　H_t——挡土结构高度，m；

　　　K_a——主动土压力系数；

　　　ϕ_t——挡土结构墙后填土的内摩擦角，（°）；

　　　ε——挡土结构墙背面与铅直面的夹角，（°）；

　　　δ——挡土结构墙后填土对墙背的外摩擦角（°），可按表 4.5 采用；

　　　β——挡土结构墙后填土表面坡角，（°）。

表 4. 5 δ 值

挡土结构墙背面排水状况	δ 值	挡土结构墙背面排水状况	δ 值
墙背光滑，排水不良	$(0.00\sim0.33)\phi_t$	墙背很粗糙，排水良好	$(0.50\sim0.67)\phi_t$
墙背粗糙，排水良好	$(0.33\sim0.50)\phi_t$	墙背与填土之间不可能滑动	$(0.67\sim1.00)\phi_t$

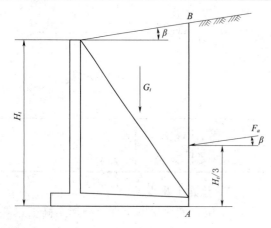

图 4.7 扶壁式或空箱式挡土结构计算示意

（2）扶壁式或空箱式挡土结构后的土压力计算。

1）对于扶壁式或空箱式挡土结构，当墙后填土为砂性土时，主动土压力按式（4.23）和式（4.25）计算。计算简图如图 4.7 所示，图中主动土压力 F_a 的作用方向与水平面呈 β 夹角，即与填土表面平行。

$$K_a = \cos\beta \frac{\cos\beta - \sqrt{\cos^2\beta - \cos^2\phi_t}}{\cos\beta + \sqrt{\cos^2\beta - \cos^2\phi_t}} \quad (4.25)$$

2）对于扶壁式或空箱式挡土结构，当墙后填土为砂性土，且填土表面水平时，主动土压力按式（4.23）和式（4.26）计算。

$$K_a = \tan^2\left(45° - \frac{\phi_t}{2}\right) \quad (4.26)$$

3）当挡土结构墙后填土为黏性土时，可采用等值内摩擦角法计算作用于墙背或 AB 面上的主动土压力。等值内摩擦角可根据挡土结构高度、墙后所填黏性土性质及其浸水情况等因素，参照已建工程实践经验确定，挡土结构高度在 6m 以下者，墙后所填黏性土水上部分等值内摩擦角可采用 28°～30°，水下部分等值内摩擦角可采用 25°～28°；挡土结构高度在 6m 以上（含 6m）者，墙后所填黏性土采用的等值内摩擦角应随挡土结构高度的增大而相应降低。

4）当挡土结构墙后填土表面有均布荷载作用时，可将均布荷载换算成等效的填土高度，计算作用于墙背或 AB 面上的主动土压力。此种情况下，作用于墙背或 AB 面上的主动土压力应按梯形分布计算。

5）当挡土结构墙后填土表面有车辆荷载作用时，可将车辆荷载近似地按均布荷载换算成等效的填土高度，计算作用于墙背或 AB 面上的主动土压力。

6）对于墙背铅直、墙后填土表面水平的水闸挡土结构，静止土压力按式（4.27）和式（4.28）计算，计算简图如图 4.8 所示。

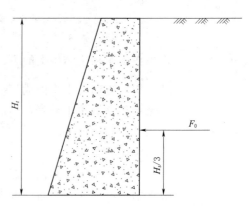

图 4.8 墙背铅直、墙后填土表面水平的挡土结构的计算示意

$$F_0 = \frac{1}{2}\gamma_t H_t^2 K_0 \tag{4.27}$$

$$K_0 = 1 - \sin\phi_t' \tag{4.28}$$

式中　F_0——作用在水闸挡土结构上的静止土压力，kN/m；

　　　K_0——静止土压力系数，应通过试验确定；在没有试验资料的情况下，也可按表
4.6 选用。

表 4.6　　　　　　　　　　　　　　K_0 值

墙后填土类型	K_0 值	墙后填土类型	K_0 值
碎石土	0.22～0.40	壤土	0.60～0.62
砂土	0.36～0.42	黏土	0.70～0.75

8. 计算地震荷载

地震区修建水闸。当设计烈度为Ⅶ度或大于Ⅶ度时，需考虑地震影响。地震荷载应包括建筑物自重以及其上的设备自重所产生的地震惯性力、地震动水压力和地震动土压力。

（1）地震惯性力。采用拟静力法计算作用于质点的水平向地震惯性力时计算公式如下

$$F_i = \alpha_n \zeta G_{Ei} \alpha_i / g \tag{4.29}$$

式中　F_i——作用在质点 i 的水平向地震惯性力代表值；

　　　α_n——水平向设计地面加速度代表值；

　　　ζ——地面作用的效应折减系数，除另有规定外，取 0.25；

　　　G_{Ei}——集中在质点 i 的重力作用标准值；

　　　α_i——质点 i 的动态分布系数，见表 4.7；

　　　g——重力加速度。

表 4.7　　　　　　　　　　　　水闸动态分布系数 α_i

注　水闸墩底以下 α_i 取 1.0；H 为建筑物高度。

61

（2）地震动水压力。作用在水闸上的地震动水压力的计算可参照重力坝地震动水压力公式计算。

（3）地震动土压力。作用在水闸岸墙和翼墙上的地震动土压力的计算可参照重力坝地震动土压力公式进行计算。

荷载组合分为基本组合和特殊组合。基本组合由同时出现的基本荷载组成。特殊组合由同时出现的基本荷载再加一种或几种特殊荷载组成。但地震荷载不应与设计洪水位或校核洪水位组合。

计算闸室稳定和应力时的荷载组合可按表4.8的规定采用。必要时可考虑其他可能的不利组合。

表 4.8　　　　　　　　　　荷 载 组 合 表

荷载组合	计算情况	荷载												说　明
		自重	水重	静水压力	扬压力	土压力	淤沙压力	风压力	浪压力	冰压力	土的冻胀力	地震荷载	其他	
基本组合	完建情况	√	—	—	—	√	—	—	—	—	—	—	√	必要时，可考虑地下水产生的扬压力
	正常蓄水位情况	√	√	√	√	√	√	√	√	—	—	—	√	按正常蓄水位组合计算水重、静水压力、扬压力、浪压力
	设计洪水位情况	√	√	√	√	√	√	√	√	—	—	—	—	按设计洪水位组合计算水重、静水压力、扬压力、浪压力
	冰冻情况	√	√	√	√	√	√	—	√	√	√	—	√	按正常蓄水位组合计算水重、静水压力、扬压力、浪压力
特殊组合	施工情况	√	—	—	—	√	—	—	—	—	—	—	√	应考虑施工过程中各个阶段的临时荷载
	检修情况	√	—	√	√	√	√	—	√	—	—	—	√	按正常蓄水位组合（必要时可按设计洪水位组合或冬季低水位条件）计算静水压力、扬压力、浪压力
	校核洪水位情况	√	√	√	√	√	√	√	√	—	—	—	—	按校核洪水位组合计算水重、静水压力、扬压力、浪压力
	地震情况	√	√	√	√	√	√	√	√	—	—	√	—	按正常蓄水位组合计算水重、静水压力、扬压力、浪压力

注　"其他"为其他出现机会较多的荷载等。

以一联为计算单元，画出该联闸室的荷载计算简图，并在图上标出荷载作用位置，如图4.9所示，并列表进行计算（表4.9）。

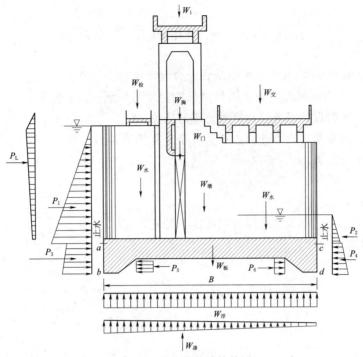

图 4.9 水闸荷载计算简图

表 4.9   荷 载 计 算 表

构件荷载名称		力的大小及方向/kN				力臂 /m	力矩及方向/(kN·m)	
		→	←	↓	↑		+	−
自重	……							
	……							
	……							
垂直水压力	上游							
	下游							
水平水压力	上游							
	……							
	下游							
	……							
浪压力								
扬压力	渗透压力							
	……							
	浮托力							
……								
合计								

63

任务 4.2 闸室地基承载力计算

问题思考： 1. 土基和岩基上水闸基底应力应满足什么要求？

　　　　　　 2. 水闸基底应力不满足时采取的地基处理方法有哪些？

工作任务： 根据设计资料，计算闸室基底应力。

考核要点： 闸室基底应力计算方法；各个计算步骤是否准确，计算结果是否合理；学习态度及团队协作能力。

4.2.1 计算单元

取两相邻顺水流向永久缝之间的闸段作为计算单元。

4.2.2 验算要求

1. 土基上

（1）在各种计算情况下，闸室平均基底压力 $\overline{P}$ 不大于地基允许承载力 $[P_{地基}]$，即

$$\overline{P} = \frac{P_{max} + P_{min}}{2} \leqslant [P_{地基}] \tag{4.30}$$

（2）闸室基底应力的最大值与最小值之比 η 不大于表 4.10 规定的允许值。对于特别重要的大型水闸，采用值按表列数值适当减小；对于地震情况，采用值按表列数值适当增大；对于地基特别坚硬或可压缩土层甚薄的水闸，可不受本表的规定限制，但要求闸室基底不出现拉应力。即

$$\eta = \frac{P_{max}}{P_{min}} \leqslant [\eta] \tag{4.31}$$

表 4.10　　　　　　　　**土基上闸室基底应力最大值与最小值之比的允许值**

地基土质	荷 载 组 合	
	基本组合	特殊组合
松软	1.50	2.00
中等坚实	2.00	2.50
坚实	2.50	3.00

注　1. 对于特别重要的大型水闸，其闸室基底应力的最大值与最小值之比的允许值可按表中数值适当减小。

　　2. 对于地震区的水闸，其闸室基底应力的最大值与最小值之比的允许值可按表中数值适当增大。

　　3. 对于地基特别坚实或可压缩土层很薄的水闸，可不受本表的规定限制，但要求闸室基底不出现拉应力。

2. 岩基上

（1）在各种计算情况下，闸室最大基底压力 P_{max} 不大于地基允许承载力 $[P_{地基}]$。

（2）在非地震情况下，闸室基底不出现拉应力；在地震情况下，闸室基底拉应力不大于 100kPa。

4.2.3 闸室基底应力

闸室基底应力根据结构布置及受力情况分别计算。

1. 结构布置及受力情况对称时的闸室基底应力

当结构布置及受力情况对称时，按下式计算

$$P_{\substack{max\\min}}=\frac{\sum G}{A}\pm\frac{\sum M}{W} \tag{4.32}$$

式中　$P_{\substack{max\\min}}$——闸室基底应力的最大值和最小值，kPa；

　　　$\sum G$——作用在闸室上的全部竖向荷载（包括闸室基础底面上的扬压力在内），kN；

　　　$\sum M$——作用在闸室上的竖向和水平向荷载对于基础底面垂直水流方向的形心轴的力矩，kN·m；

　　　A——闸室基础底面的面积，m²；

　　　W——闸室基础底面对于该底面垂直水流方向的形心轴的截面矩，m³。

2. 结构布置及受力情况不对称时的闸室基底应力

当结构布置及受力情况不对称时，按下式计算

$$P_{\substack{max\\min}}=\frac{\sum G}{A}\pm\frac{\sum M_x}{W_x}\pm\frac{\sum M_y}{W_y} \tag{4.33}$$

式中　$\sum M_x$、$\sum M_y$——作用在闸室上的全部竖向和水平向荷载对于基础底面形心轴 x、y 的力矩，kN·m；

　　　W_x、W_y——闸室基础底面对于该底面形心轴 x、y 的截面矩，m³。

4.2.4　闸室地基沉降计算及地基处理设计

1. 地基沉降计算

由于土基压缩变形大，容易引起较大的沉降和不均匀沉降。沉降过大，会使闸顶高程降低，达不到设计要求；不均匀沉降过大时，会使底板倾斜，甚至断裂及止水破坏，严重地影响水闸正常工作。因此，应计算闸基的沉降，以便分析了解地基的变形情况，做出合理的设计方案。计算时应选择有代表性的计算点进行，一般可以在闸身部分选中心闸室底板与岸墙相邻的底板，选有代表性断面 2~3 个，每个断面选 3~5 点（至少 3 点，包括两端点和中心点）。然后用分层总合法，计算其最终沉降量 S_∞，即

$$S_\infty=m\sum_{i=1}^{n}\frac{e_{1i}-e_{2i}}{1+e_{1i}}h_i \tag{4.34}$$

式中　S_∞——土质地基最终沉降量，m；

　　　m——地基沉降修正系数，1.0~1.6；

　　　n——土质地基压缩层计算深度范围内的土层数；

　　　e_{1i}——基础底面以下第 i 层土在平均自重应力作用下，由压缩曲线查得的相应孔隙比；

　　　e_{2i}——基础底面以下第 i 层土在平均自重应力加平均附加应力作用下，由压缩曲线查得的相应孔隙比；

　　　h_i——基础底面以下第 i 层土的厚度，m。

土质地基允许最大沉降量和最大沉降差的原则：保证水闸安全和正常使用，根据具体情况研究确定。天然土质地基上水闸地基最大沉降量不宜超过 15cm，相邻部位的最大沉

降差不宜超过 5cm。

对于软土地基上的水闸，为了减小不均匀沉降或相邻部位最大沉降差，宜采用下列一种或几种措施：

(1) 变更结构形式（采用轻型结构或静定结构等）或加强结构刚度。

(2) 采用沉降缝隔开。

(3) 改变基础形式或刚度。

(4) 调整基础尺寸与埋置深度。

(5) 必要时对地基进行人工加固。

(6) 安排合适的施工程序，严格控制施工速度。

2. 地基处理

(1) 岩基处理。对岩基中的全风化带宜予清除，强风化带或弱风化带可根据水闸的受力条件和重要性进行适当处理。对裂隙已发育的岩基，宜进行固结灌浆处理。对岩基中的泥化夹层和缓倾角软弱带应根据其埋藏深度和对地基稳定的影响程度采取全部或部分开挖的处理措施。对岩基中的断层破碎带应根据其分布情况和对水闸工程安全的影响程度采取不同的处理措施，通常采取开挖、回填混凝土、灌浆的处理措施。对地基整体稳定有影响的溶洞或溶沟等，可根据其位置、大小、埋藏深度和水文地质条件等，分别采取压力灌浆、开挖回填等处理方法。

(2) 土基处理。根据工程实践，当黏性土地基的标准贯入击数大于 5，砂性土地基的标准贯入击数大于 8 时，可直接在天然地基上建闸，不需进行处理。但对淤泥质土、高压缩性黏土和松砂所组成的软弱地基，则需处理，常用处理方法见表 4.11。

表 4.11　　　　　　　　　土 基 常 用 处 理 方 法

处理方法	基 本 作 用	适 用 范 围	说　　　明
垫层法	改善地基应力分布，减少沉降量，适当提高地基稳定性和抗渗稳定性	厚度不大的软土地基	用于深厚的软土地基时，仍有较大的沉降量
强力夯实法	增加地基承载力，减少沉降量，提高抗振动液化的能力	透水性较好的松软地基，尤其适用于稍密的碎石土或松砂地基	用于淤泥或淤泥质土地基时，需采取有效的排水措施
振动水冲法	增加地基承载力，减少沉降量，提高抗振动液化的能力	松砂，软弱的砂壤土或砂卵石地基	1. 处理后地基的均匀性和防止渗透变形的条件较差 2. 用于不排水抗剪强度小于 20kPa 的软土地基时，处理效果不显著
桩基础	增加地基承载力，减少沉降量，提高抗滑稳定性	较深厚的松软地基，尤其适用于上部为松软土层、下部为硬土层的地基	1. 桩尖未嵌入硬土层的摩擦桩，仍有一定的沉降量 2. 用于松砂、砂壤土地基时，应注意渗透变形问题
沉井基础	除与桩基础作用相同外，对防止地基渗透变形有利	适用于上部为软土层或粉细砂层、下部为硬土层或岩层的地基	不宜用于上部夹有蛮石、树根等杂物的松软地基或下部为顶面倾斜度较大的岩基

注　深层搅拌法、高压喷射法等其他处理方法，经论证后也可采用。

3. 桩基设计

水闸桩基础通常应采用摩擦型桩（包括摩擦桩和端承摩擦桩），即桩顶荷载全部或主要由桩侧摩阻力承受。桩的根数和尺寸按照承担底板底面以上的全部荷载（包括竖向荷载和水平向荷载）确定，不考虑桩间土的承载能力。在同一块底板下，不应采用直径、长度相差过大的摩擦型桩，也不应同时采用摩擦桩和端承型桩。

（1）桩的水平承载力和根数的确定。假设水闸传来的总水平荷载 H 由各桩平均承担，每根桩承担的水平荷载应小于单桩的允许水平承载力 $[T]$，据此确定桩的数目 n，即

$$n = \frac{\sum H}{T} \qquad\qquad (4.35)$$

式中　$\sum H$——作用于桩基上的总水平荷载，kN；

T——每根桩承担的水平荷载，kN。

$[T]$ 值可根据桩的直径、单桩和群桩关系、地基条件等因素，以控制允许的水平位移值为主要指标，通过计算并参照已建类似工程资料确定。

（2）桩的布置。常用的灌注桩直径为 0.6～1.2m。桩的平面布置应尽量使桩群的重心与底板以上各种荷载的合力作用点相接近，以使每根桩上受力接近相等。桩在顺水流方向一般设一排，等距布置；当孔径较大，桩数较多，一排布置不下时，可设两排或三排，每排桩数不宜少于四根，在平面上呈梅花形、矩形或正方形。预制桩的中心距不应小于 3 倍桩径，钻孔灌注桩的中心不应小于 2.5 倍桩径。

（3）桩长的确定。桩位确定后，即可根据单桩承受的铅直荷载 P_i 和单桩允许铅直承载力 $[P_a]$ 确定桩长。可先假定桩长，P_i 由偏心受压公式确定，而 $[P_a]$ 可根据桩尖支承面的容许承载力及桩周的容许摩擦力确定，若 $[P_a] < P_i$，须重新假定桩长并进行计算，直至 $[P_a] > (P_i)_{max}$。灌注桩长度尚需满足嵌固条件，即桩长要大于 12 倍桩径。

对大型水闸，单桩允许铅直承载力 $[P_a]$ 应由现场试验验证。

任务 4.3　闸室抗滑稳定计算

问题思考： 1. 土基和岩基上水闸抗滑稳定要求有什么不同？

2. 提高水闸抗滑稳定的措施有哪些？

工作任务： 根据设计资料，计算水闸抗滑稳定是否满足要求，掌握提高抗滑稳定的措施。

考核要点： 土基上水闸抗滑稳定计算；各个计算步骤是否准确，计算结果是否合理；学习态度及团队协作能力。

4.3.1　计算单元

取两相邻顺水流向永久缝之间的闸段作为计算单元。

4.3.2　验算要求

1. 土基上

沿闸室基底面的抗滑稳定安全系数 K_c 按式（4.36）或式（4.37）计算，并应大于表

4.12 规定的允许值。表中特殊组合Ⅰ适用于施工情况、检修情况及校核洪水位情况；特殊组合Ⅱ适用于地震情况。黏性土地基上的大型水闸计算 K_c 时宜按式（4.37）。

$$K_c = \frac{f\sum G}{\sum H} \geqslant [K_c] \qquad (4.36)$$

$$K_c = \frac{\tan\phi_0 \sum G + C_0 A}{\sum H} \geqslant [K_c] \qquad (4.37)$$

式中　f——闸室基底面与地基之间的摩擦系数，在没有试验资料的情况下，可根据地基类别按表 4.13 所列数值选用；

　$\sum H$——作用在闸室上的全部水平向荷载，kN；

　ϕ_0——闸室基底面与土质地基之间的摩擦角，（°），可按表 4.14 所列数值选用，表中 ϕ 为室内饱和固结快剪（黏性土）或饱和快剪（砂性土）试验测得的内摩擦角值；

　C_0——闸室基底面与土质地基之间的黏结力，kPa，可按表 4.14 所列数值选用，表中 C 为室内饱和固结快剪试验测得的黏结力值。

若采用钻孔灌注桩基础，验算沿闸室底板底面的抗滑稳定性时，应计入桩体材料的抗剪断能力。

表 4.12　　　　　　土基上沿闸室基底面抗滑稳定安全系数的允许值 $[K_c]$

荷载组合		水 闸 级 别			
		1	2	3	4、5
基本组合		1.35	1.30	1.25	1.20
特殊组合	Ⅰ	1.20	1.15	1.10	1.05
	Ⅱ	1.10	1.05	1.05	1.00

表 4.13　　　　　　　　闸室基底面与地基之间的摩擦系数 f

地基类别		f	地基类别		f
黏土	软弱	0.20~0.25	砾石、卵石		0.50~0.55
	中等坚硬	0.25~0.35	碎石土		0.40~0.50
	坚硬	0.35~0.45	软质岩石	极软	0.40~0.45
壤土、粉质壤土		0.25~0.40		软	0.45~0.55
砂壤土、粉砂土		0.35~0.40		较软	0.55~0.60
细砂、极细砂		0.40~0.45	坚硬岩石	较坚硬	0.60~0.65
中砂、粗砂		0.45~0.50		坚硬	0.65~0.70
砂砾石		0.40~0.50			

表 4.14　　　　　　　　　　ϕ_0、C_0 值（土质地基）

土质地基类别	ϕ_0	C_0
黏性土	0.9ϕ	$(0.2~0.3)C$
砂性土	$(0.85~0.90)\phi$	0

2. 岩基上

沿闸室基底面的抗滑稳定安全系数 K_c 按式（4.37）或式（4.38）计算，并不小于表 4.15 规定的允许值。表中特殊组合 I 适用于施工情况、检修情况及校核洪水位情况；特殊组合 II 适用于地震情况。

$$K_c = \frac{f'\sum G + C'A}{\sum H} \tag{4.38}$$

式中　f'——闸室基底面与岩石地基之间的抗剪断摩擦系数，可根据室内岩石抗剪断试验成果，并参照类似工程实践经验及表 4.16 所列数值选用，但选用的值不应超过闸室基础混凝土本身的抗剪断参数值；

　　　C'——闸室基底面与岩石地基之间的抗剪断黏结力，kPa，可根据室内岩石抗剪断试验成果，并参照类似工程实践经验及表 4.16 所列数值选用，但选用的值不应超过闸室基础混凝土本身的抗剪断参数值。

表 4.15　　　岩基上沿闸室基底面抗滑稳定安全系数的允许值 $[K_c]$

荷 载 组 合		按公式 $K_c = \frac{f\sum G}{\sum H}$ 计算时			按公式 $K_c = \frac{f'\sum G + C'A}{\sum H}$ 计算时
		水闸级别			
		1	2、3	4、5	
基本组合		1.10	1.08	1.05	3.00
特殊组合	I	1.05	1.03	1.00	2.50
	II		1.00		2.30

表 4.16　　　　　　　f'、C' 值（岩石地基）

岩石地基		f'	C'/MPa	说　明
硬质岩石	坚硬	1.5～1.3	1.5～1.3	如果岩石地基内存在结构面、软弱层（带）或断层的情况，应按新勘察规范的规定选用
	较坚硬	1.3～1.1	1.3～1.1	
软质岩石	较软	1.1～0.9	1.1～0.7	
	软	0.9～0.7	0.7～0.3	
	极软	0.7～0.4	0.3～0.05	

4.3.3　抗滑措施

当沿闸室基础底面的抗滑稳定安全系数计算值 K_c 小于允许值 $[K_c]$ 时，可在原有结构布置的基础上，结合工程的具体情况，采用下列一种或几种抗滑措施：

（1）将闸门位置移向低水位一侧，或将水闸底板向高水位一侧加长。

（2）适当增大闸室结构尺寸。

（3）增加闸室底板的齿墙深度。

（4）增加铺盖长度或帷幕灌浆深度，或在不影响防渗安全的条件下将排水设施向水闸底板靠近。

（5）利用钢筋混凝土铺盖作为阻滑板，但闸室自身的抗滑稳定安全系数不应小于 1.0（计算由阻滑板增加的抗滑力时，阻滑板效果的折减系数可采用 0.80），阻滑板应满

足限裂要求。阻滑板所增加的抗滑力可由下式计算

$$S = 0.8f(G_1 + G_2 - V) \tag{4.39}$$

式中　G_1、G_2——阻滑板上的水重和自重；

　　　　V——阻滑板下的扬压力；

　　　　f——阻滑板与地基间的摩擦系数。

闸室自身的抗滑稳定安全系数 $K_{闸室}$

$$K_{闸室} = \frac{\tan\phi_0 \sum G + C_0 A}{\sum H} \geqslant 1.0 \tag{4.40}$$

闸室加阻滑板共同作用下的抗滑稳定安全系数 $K_{室 \cdot 板}$

$$K_{室 \cdot 板} = \frac{\tan\phi_0 \sum G + C_0 A + 0.8f(G_1 + G_2 - V)}{\sum H} \geqslant [K_c] \tag{4.41}$$

4.3.4　抗浮稳定验算

当闸室设有两道检修闸门或只设一道检修闸门，利用工作闸门与检修闸门进行检修时，应该按照下式进行抗浮稳定计算。

$$K_f = \frac{\sum V}{\sum U} \tag{4.42}$$

式中　K_f——闸室抗浮稳定安全系数；

　　　$\sum V$——作用在闸室上全部向下的铅直力之和，kN；

　　　$\sum U$——作用在闸室基础底面上的扬压力，kN。

不论水闸级别和地基条件，在基本荷载组合条件下，闸室抗浮稳定安全系数不应小于1.10；在特殊荷载组合条件下，闸室抗浮稳定安全系数不应小于1.05。

4.3.5　岸墙、翼墙稳定验算

岸墙、翼墙稳定计算取单位长度或分段长度的墙体作为计算单元。

1. 土基上岸墙、翼墙稳定验算

（1）抗滑稳定验算。沿岸墙、翼墙基础底面的抗滑稳定安全系数 K_c 应按下式计算

$$K_c = \frac{抗滑力之和}{滑动力之和} = \frac{f \sum G}{\sum H} \geqslant [K_c] \tag{4.43}$$

式中　f——岸墙、翼墙基底面与地基之间的摩擦系数；

　　　$\sum H$——作用在岸墙、翼墙上的全部水平向荷载（包括墙前填土的被动土压力），kN；

　　　$\sum G$——作用在岸墙、翼墙上的全部垂直向荷载，kN；

　　　$[K_c]$——土基上沿岸墙、翼墙基底面抗滑稳定安全系数的允许值，按表4.13取值。

（2）地基承载力及不均匀系数验算。为了防止岸墙、翼墙地基发生浅层剪切破坏，需要验算基底的应力。

1）岸墙、翼墙最大的基底应力常出现在完建期墙前无水的情况，也可能在运用期墙后地下水位高于外水位的情况。基底应力计算按下式计算

$$P_{\substack{max \\ min}} = \frac{\sum G}{A} \pm \frac{\sum M}{W} \tag{4.44}$$

式中　$P_{\substack{max \\ min}}$——岸墙、翼墙基底应力的最大值和最小值，kPa；

$\sum G$——作用在岸墙、翼墙上的全部竖向荷载之和，kN；

$\sum M$——作用在岸墙、翼墙上的全部竖向荷载和水平向荷载对于基础底面的形心轴的力矩，kN·m；

A——岸墙、翼墙基础底面的面积，m^2；

W——岸墙、翼墙基础底面对于形心轴的截面矩，m^3。

2）在各种情况下，岸墙、翼墙平均基底压力 $\overline{P}$ 不大于地基允许承载力 $[P_{地基}]$；最大基底应力不大于地基允许承载力的 1.2 倍。

3）岸墙、翼墙基底应力的最大值与最小值之比 η 不大于表 4.17 规定的允许值。

表 4.17 土基上闸室基底应力最大值与最小值之比的允许值 $[\eta]$

地基土质	荷载组合	
	基本组合	特殊组合
松软	1.50	2.00
中等坚实	2.00	2.50
坚实	2.50	3.00

2. 岩基上岸墙、翼墙稳定验算

（1）翼墙抗倾覆稳定验算。抗倾安全系数 K_0 按下式计算

$$K_0 = \frac{\sum M_V}{\sum M_H} \tag{4.45}$$

式中 K_0——翼墙抗倾安全系数；

$\sum M_V$——对翼墙前趾的抗倾覆力矩，kN·m；

$\sum M_H$——对翼墙前趾的倾覆力矩，kN·m。

不论水闸级别，在基本荷载组合条件下，岩基上翼墙的抗倾安全系数不应小于 1.50；在特殊荷载组合条件下，岩基上翼墙的抗倾安全系数不应小于 1.30。

（2）抗滑稳定验算。请参考土基上抗滑稳定验算。

（3）地基承载力及不均匀系数验算。请参考土基上地基承载力及不均匀系数验算。

3. 抗滑措施

当沿岸墙、翼墙基底面的抗滑稳定安全系数计算值 K_c 小于允许值 $[K_c]$ 时，可采用下列一种或几种抗滑措施：

（1）适当增加底板宽度，增加底板上的有效重量。

（2）在基底增加凸榫或增加齿墙，依靠被动土压力提高墙身抗滑能力。

（3）在墙后增设阻滑板或锚杆。

（4）在墙后改填摩擦角较大的土料，减小主动土压力，并增设排水。

（5）在不影响水闸正常运用的条件下，适当限制墙后的填土高度，或在墙后采取其他减载措施。

项目5 闸室结构计算

【知识目标】

1. 了解水闸闸墩结构计算的工况。

2. 掌握不同工况下闸墩应力的计算方法。

3. 掌握不同地基下底板应力的计算方法。

【能力目标】

1. 能根据水闸特点布置合适的闸墩。

2. 会计算平面闸门闸墩应力。

3. 会计算整体式平底板内力。

任务 5.1　闸墩结构计算

问题思考： 1. 平面闸门和弧形闸门闸墩应力计算有何区别？

　　　　　　　2. 怎样计算闸墩应力？

工作任务： 根据设计资料，计算闸墩底板正应力、门槽应力。

考核要点： 平面闸门闸墩应力计算；各个计算步骤是否准确，计算结果是否合理；学习态度及团队协作能力。

水闸闸墩结构计算应考虑两种情况：

（1）运用期，两边闸门都关闭时，闸墩承受最大水头时的水压力（包括闸门传来的水压力）、墩自重及上部结构重量。此时，对平面闸门的闸墩应验算墩底应力和门槽应力；弧形闸门的闸墩除验算墩底应力以外，还须验算牛腿强度及牛腿附近闸墩的拉应力集中现象。

（2）检修期，一孔检修，上下游检修门关闭而邻孔过水或关闭时，闸墩承受侧向水压力、闸墩及其上部结构的重力，应验算闸墩底部强度，弧形闸门的闸墩还应验算不对称状态时的应力。

5.1.1　平面闸门闸墩应力计算

1. 闸墩底板正应力计算

闸墩可视为固结于底板上的悬臂结构，应力计算应考虑以下两种情况，分别按偏心受压公式验算它们的强度。

（1）运用时期。闸墩所受荷载按闸门关闭承受最大水压力的情况考虑。如闸门所受上、下游的水压力分别为 P_1、P_2，则作用于闸墩的水平力为 $P_1 - P_2$，此外有闸墩上部结构的重力 $\sum G$，如图 5.1（a）所示。

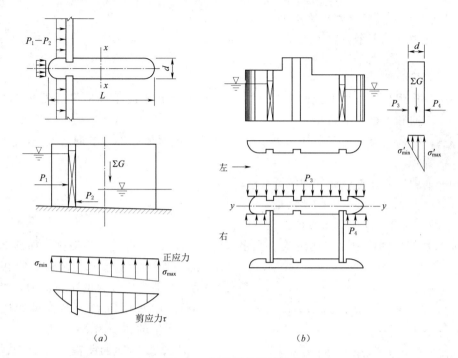

图 5.1 闸墩结构计算示意

（a）纵向应力计算图；（b）横向应力计算图

闸墩底部正应力 σ 按下式计算

$$\sigma_{\min}^{\max} = \frac{\sum G}{A} \pm \frac{\sum M_x}{I_x} \frac{L}{2} \tag{5.1}$$

式中　$\sigma_{\min}^{\max}$——墩底正应力的最大值和最小值，kPa；

　　　$\sum G$——作用在闸墩上全部垂直力（包括自重）之和，kN；

　　　A——墩底水平截面面积，m^2；

　　　$\sum M_x$——作用在闸墩上的全部荷载对墩底水平截面中心轴（近似地作为形心轴）Ⅰ-Ⅰ的力矩之和，kN·m；

　　　L——墩底长度，m；

　　　I_x——墩底截面对 $x-x$ 轴的惯性矩，近似地取为 $I_x = \dfrac{d(0.98L)^3}{12}$，$m^4$；$d$ 为墩厚，m。

（2）检修时期。考虑一孔检修而邻孔过水的情况，闸墩所受荷载有侧向水压力、闸墩及上部结构的重力、交通桥上车辆制动力等，墩底横向正应力仍按偏心受压公式计算；如图 5.1（b）所示。

$$\sigma_{\max}' = \frac{\sum G}{A} \pm \frac{\sum M_y}{I_y} \frac{d}{2} \tag{5.2}$$

式中　$\sum M_y$——各力对底部截面形心轴 $y-y$（与闸墩长边方向平行）的力矩之和，kN·m；

　　　I_y——墩底截面对 $y-y$ 轴的惯性矩，m^4。

2. 墩底水平面上剪应力 τ 的计算

剪应力 τ 按下式计算

$$\tau = \frac{QS}{Ib} \tag{5.3}$$

式中　Q——作用在墩底水平截面上的剪力，kN（在运行情况下和检修情况下，Q 的方向和大小均不同）；

S——截面上需要确定剪应力处以外的面积对截面形心轴（方向与 Q 垂直）的面积矩，m^3；

b——剪应力计算截面处的墩宽，m；

I——截面对其形心轴的惯性矩，m^4。

3. 边墩、缝墩墩底主拉应力计算

当边墩和缝墩闸孔闸门关闭承受最大水头时，边墩和缝墩受力不对称，如图 5.2 所示，墩底受纵向剪力和扭矩的共同作用，可能产生较大的主拉应力。半扇闸门传来的水压力 P 不通过缝墩底面形心，产生的扭矩为 $M_n = Pd_1$，其中 d_1 为 P 至形心轴的距离。扭矩 M_n 在 A 点产生的剪应力近似值 τ_1 为

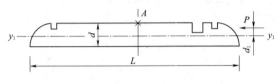

图 5.2　边墩、缝墩墩底主拉应力计算

$$\tau_1 = \frac{M_n}{0.4 d^2 L} \tag{5.4}$$

水压力 P 对水平截面的剪切作用，A 点产生的剪应力近似值 τ_2（纵向剪应力）为

$$\tau_2 = \frac{3}{2} \frac{P}{dL} \tag{5.5}$$

A 点的主拉应力 σ_{zl} 为

$$\sigma_{zl} = \frac{\sigma}{2} + \frac{1}{2} \sqrt{\sigma^2 + 4(\tau_1 + \tau_2)^2} \tag{5.6}$$

式中　σ——边墩或缝墩在 A 点的正应力（以压应力为负）。

σ_{zl} 不得大于混凝土的允许拉应力，否则应配受力钢筋。

4. 门槽应力计算

门槽颈部因受闸门传来的水压力而可能受拉，应进行强度计算，以确定配筋量。计算时在门槽处截取脱离体（取下游段或上游段底板以上闸墩均可），视为支承于门槽上的悬臂梁，如图 5.3 所

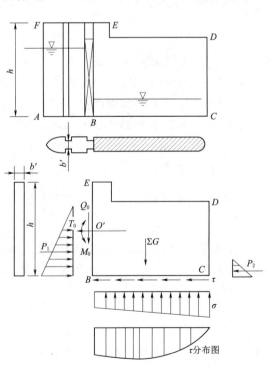

图 5.3　门槽应力计算示意

示。将闸墩及其上部结构重量、水压力及闸墩底面以上的正应力和剪应力等作为外荷载施加在脱离体上。根据平衡条件，求出作用于门槽截面 BE 中心的力 T_0 及力矩 M_0，然后按偏心受压公式求出门槽应力 σ，即

$$\sigma = \frac{T_0}{A} \pm \frac{M_0 \frac{h}{2}}{I} \tag{5.7}$$

式中　T_0——脱离体上水平作用力的总和；

　　　A——门槽截面面积，$A = b'h$；

　　　M_0——脱离体上所有荷载对门槽截面中心 O' 的力矩之和；

　　　I——门槽截面对中心轴的惯性矩，$I = \frac{b'h^3}{12}$；

　　　h——门槽截面高度。

5. 闸墩配筋

闸墩的内部应力不大，一般不会超过墩体材料的允许应力，按理可不配置钢筋。但考虑到混凝土的温度、收缩应力的影响，以及为了加强底板与闸墩间施工缝的连接，仍需配置构造钢筋。垂直钢筋一般每米 3～4 根 $\phi 10 \sim 14$，下端伸入底板 25～30 倍钢筋直径，上端伸至墩顶或底板以上 2～3m 处截断（温度变化较小地区）；考虑到检修时受侧向压力的影响，底部钢筋应适当加密。水平向分布钢筋一般用 $\phi 8 \sim 12$，每米 3～4 根。这些钢筋都沿闸墩表面布置。

闸墩的上下游端部（特别是上游端）容易受到漂流物的撞击，一般自底至顶均布置构造钢筋，网状分布。闸墩墩顶支承上部桥梁的部位，亦要布置构造钢筋网。

门槽配筋：一般情况下，门槽顶部为压应力，底部为拉应力。若拉应力超过混凝土的允许拉应力时，则按全部拉应力由钢筋承担的原则进行配筋；否则配置构造钢筋，布置在门槽两侧，水平排列，每米 3～4 根，直径较之墩面水平分布钢筋适当加大。门槽配筋如图 5.4 所示。

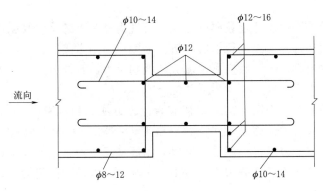

图 5.4　门槽配筋

5.1.2　弧形闸门闸墩

弧形闸门通过牛腿支承在闸墩上，故不需设置门槽。牛腿宽度 b 不小于 50～70cm，高度 h 不小于 80～100cm，并在其端部设 45°斜坡，牛腿轴线尽量与闸门关闭时门轴处合

力作用线一致。

闸门关闭挡水时，牛腿在半扇弧形闸门水压力 R 的法向分力 N 和切向分力 T 共同作用下工作，分力 N 使牛腿弯曲和剪切，T 则使牛腿产生扭曲和剪切。牛腿可视为短悬臂梁进行内力计算和配筋。

牛腿处闸墩在分力 N 作用下，根据偏光弹性试验表明，在牛腿前约 2 倍牛腿宽、1.5～2.5 倍牛腿高范围，墩内的主拉应力大于混凝土的容许拉应力，需要配筋。在此范围以外，拉应力小于混凝土的容许拉应力，不需配筋或按构造配筋。在牛腿处闸墩钢筋面积，可按下式计算

$$Ag = \frac{r_0 \phi r_d N'}{f_g} \tag{5.8}$$

式中　N'——牛腿前大于混凝土容许拉应力范围内的总拉力，为牛腿集中力 N 的 70%～80%；

　　　r_0——结构重要性系数；

　　　ϕ——设计状况系数；

　　　r_d——结构重要性系数；

重要的大型水闸，应经试验确定闸墩的应力状态，并据此配置钢筋。

任务 5.2　整体式平底板内力计算

问题思考：1. 水闸底板应力计算有哪些方法？

　　　　　　2. 小型水闸一般采用哪种方法计算底板内力？

工作任务：根据设计资料，计算底板内力。

考核要点：倒置梁法；弹性地基梁法；各个计算步骤是否准确，计算结果是否合理；学习态度及团队协作能力。

▶ 5.2

整体式平底板的平面尺寸远较厚度为大，可视为地基上的受力复杂的一块板。目前工程实际仍用近似简化计算方法进行强度分析。一般认为闸墩刚度较大，底板顺水流方向弯曲变形远较垂直水流方向小，假定顺水流方向地基反力呈直线分布，故常在垂直水流方向截取单宽板条进行内力计算。

按照不同的地基情况采用不同的底板应力计算方法。相对密度 $Dr > 0.5$ 的砂土地基或黏性土地基，可采用弹性地基梁法。相对密度 $Dr \leqslant 0.5$ 的砂土地基，因地基松软，底板刚度相对较大，变形容易得到调整，可以采用地基反力沿水流流向呈直线分布、垂直水流流向为均匀分布的反力直线分布法。对小型水闸，则常采用倒置梁法。

5.2.1　弹性地基梁法

弹性地基梁法认为底板和地基都是弹性体，底板变形和地基沉降协调一致，垂直水流方向地基反力不呈均匀分布，据此计算地基反力和底板内力。此法考虑了底板变形和地基沉降相协调，又计入边荷载的影响，比较合理，但计算比较复杂。

当采用弹性地基梁法分析水闸闸底板应力时，应考虑可压缩土层厚度 T 与弹性地基

梁半长 $L/2$ 之比值的影响。当 $\dfrac{2T}{L} < 0.25$ 时，可按基床系数法（文克尔假定）计算；当 $\dfrac{2T}{L} > 2.0$ 时，可按半无限深的弹性地基梁法计算；当 $\dfrac{2T}{L} = 0.25 \sim 2.0$ 时，可按有限深的弹性地基梁计算。

底板连同闸墩在顺水流方向的刚度很大，可以忽略底板沿该方向的弯曲变形，假定地基反力呈直线分布。在垂直水流方向截取单宽板条及墩条，按弹性地基梁法计算地基反力和底板内力。具体步骤如下：

（1）用偏心受压公式计算闸底纵向（顺水流方向）地基反力。

（2）在垂直水流方向截取单宽板条及墩条，计算板条及墩条上的不平衡剪力。

以闸门槽上游边缘为界，将底板分为上、下游两段，分别在两段的中央截取单宽板条及墩条进行分析，如图 5.5 所示。作用在板条及墩条上的力有：底板自重（q_1）、水重（q_2）、中墩重（G_1/b_i）及缝墩重（G_2/b_i），中墩及缝墩重中（包括其上部结构及设备自重在内），在底板的底面有扬压力（q_3）及地基反力（q_4）。

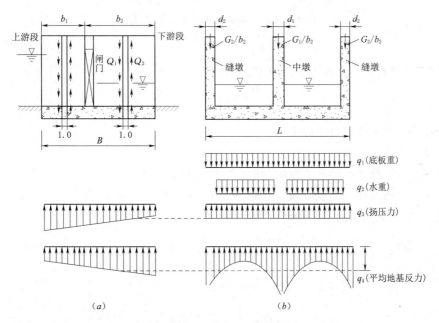

图 5.5 作用在单宽板条上的荷载及地基反力示意

由于底板上的荷载在顺水流方向是有突变的，而地基反力是连续变化的，所以，作用在单宽板条及墩条上的力是不平衡的，即在板条及墩条的两侧必然作用有剪力 Q_1 及 Q_2，并由 Q_1 及 Q_2 的差值来维持板条及墩条上力的平衡，差值 $\Delta Q = Q_1 - Q_2$，称为不平衡剪力。以下游段为例，根据板条及墩条上力的平衡条件，取 $\sum F = 0$，则

$$\frac{G}{b_2} + 2\frac{G_2}{b_2} + \Delta Q + L(q_1 + q_2' - q_3 - q_4) = 0 \tag{5.9}$$

其中
$$q_2' = q_2(L - 2d_2 - d_1)/L$$

由式（5.9）可求出 ΔQ。式中假定 ΔQ 的方向向下为正，如算得结果为负值，则 ΔQ

的实际作用方向应向上

（3）确定不平衡剪力在闸墩和底板上的分配。不平衡剪力 ΔQ 应由闸墩及底板共同承担，各自承担的数值，可根据剪应力分布图面积按比例确定。为此，需要绘制计算板条及墩条截面上的剪应力分布图。对于简单的板条和墩条截面，可直接应用积分法求得，如图 5.6 所示。

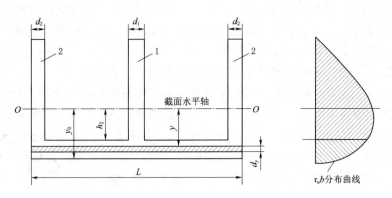

图 5.6   不平衡剪力 ΔQ 分配计算简图
1—中墩；2—缝墩

由材料力学得知，截面上的剪应力 τ_y 为

$$\tau_y = \frac{S \Delta Q}{bI} \text{或} b\tau_y = \frac{S \Delta Q}{I} \tag{5.10}$$

式中 ΔQ——不平衡剪力，kN；

  I——截面惯性矩，m^4；

  S——计算截面以下的面积对全截面形心轴的面积矩，m^3；

  b——截面在 y 处的宽度，底板部分 $b = L$，闸墩部分 $b = d_1 + 2d_2$，m。

显然，底板截面上的不平衡剪力 $\Delta Q_{板}$ 应为

$$\Delta Q_{板} = \int_{h_2}^{y_0} b\tau_y \mathrm{d}y = \int_{h_2}^{y_0} \frac{S \Delta Q}{I} \mathrm{d}y = \frac{\Delta Q}{I} \int_{h_2}^{y_0} L(y_0 - y)\left(y + \frac{y_0 - y}{2}\right)\mathrm{d}y$$

$$= \frac{L \Delta Q}{I}\left(\frac{2}{3}y_0^3 - y_0^2 h_2 + \frac{1}{3}h_2^3\right) \tag{5.11}$$

$$\Delta Q_{墩} = \Delta Q - \Delta Q_{板} \tag{5.12}$$

不平衡剪力的分配，一般闸墩占 85%～90%，底板占 10%～15%。对于小型水闸，即可按此比例分配。

（4）计算基础梁上的荷载。

1）将分配给闸墩上的不平衡剪力与闸墩及其上部结构的重量作为梁的集中力，则有

中墩集中力

$$P_1 = \frac{G_1}{b_2} + \Delta Q_{墩}\frac{d_1}{2d_2 + d_1} \tag{5.13}$$

缝墩集中力

$$P_2 = \frac{G_2}{b_2} + \Delta Q_{墩}\frac{d_2}{2d_2 + d_1} \tag{5.14}$$

2）将分配给底板上的不平衡剪力转化为均布荷载，并与底板自重、水重及扬压力等

合并，作为地基梁的均布荷载。

$$q=q_1+q_2'-q_3+\frac{\Delta Q_板}{L} \tag{5.15}$$

底板自重 q_1 的取值，因地基性质而异：由于黏性土地基固结缓慢，计算中可采用底板自重的 $50\%\sim100\%$；而对砂性土地基，因其在底板混凝土达到一定刚度以前，地基变形几乎全部完成，底板自重对地基变形影响不大，在计算中可以不计。

（5）边荷载的影响。边荷载是指计算闸段底板两侧的闸室或边墩背后回填土及岸墙等作用于计算闸段上的荷载，如图 5.7 所示，计算闸段左侧的边荷载为其相邻闸孔的基底压力，右侧的边荷载为回填土的重力及水平土压力所产生的力矩。

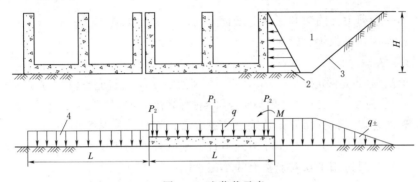

图 5.7　边荷载示意
1—回填土；2—侧向土压力；3—开挖线；4—相邻闸孔的基底压力

边荷载对底板内力的影响，与地基性质和施工工序有关，在实际工程中，一般可按下述原则考虑：

1）对于在计算闸段修建之前，两侧相邻闸孔已经完建的情况，如果由于边荷载的作用减小了底板内力，则边荷载的影响不予考虑。如果由于边荷载的作用增加了底板内力，此时，对砂性土基可考虑 50% 的影响，对黏性土地基则应按 100% 考虑。

2）对于计算闸段先建，相邻闸孔后建的情况，由于边荷载使底板内力增加时，必须考虑 100% 的影响。如果由于边荷载作用使底板内力减小，在砂性土地基中只考虑 50%；在黏性土地基中则不计其影响。

必须指出，要准确考虑边荷载的影响是十分困难的，上述设计原则是从偏安全一面考虑的。在有些地区或某些工程设计中，对边荷载的考虑，可另做不同的规定。边荷载计算百分数见表5.1。

（6）计算地基反力及梁的内力。根据 $2T/L$ 判别所需采用的计算方法，然后利用已编制好的数表、现有的商用或共享软件计算地基反力和梁的内力，进而验算强度并进行配筋，在底板配筋时要特别注意钢筋和止水的关系。

5.2.2　反力直线分布法

反力直线分布法假定地基反力在垂直水流方向也为均匀分布，其计算步骤是：

（1）用偏心受压公式计算闸底纵向地基反力。

（2）确定单宽板条及墩条上的不平衡剪力。

表 5.1 边 荷 载 计 算 百 分 数

地基类别	边荷载施加程序	边荷载对弹性地基梁的影响/%	
		使计算闸段底板内力减小	使计算闸段底板内力增加
砂性土	计算闸段底板浇筑之前施加边荷载	0	50
	计算闸段底板浇筑之后施加边荷载	50	100
黏性土	计算闸段底板浇筑之前施加边荷载	0	100
	计算闸段底板浇筑之后施加边荷载	0	100

注 1. 对于黏性土地基上的老闸加固，边荷载的影响可按本表规定适当减小。

　　2. 计算采用的边荷载作用范围可根据基坑实际开挖及墙后回填土实际回填的情况研究确定；在一般情况下，边荷载作用范围可采用与弹性地基梁计算长度相同的尺度。

（3）将不平衡剪力在闸墩和底板上进行分配。

（4）计算作用在底板梁上的荷载。

5.2.3 倒置梁法

倒置梁该法同样也是假定地基反力沿闸室纵向呈直线分布，横向（垂直水流方向）为均匀分布，它是把闸墩作为底板的支座，在地基反力及其他荷载作用下按倒置连续梁计算底板内力。

倒置梁法的优点是计算简便，其缺点是没有考虑底板与地基变形协调条件，假设底板在横向的地基反力为均匀分布与实际情况不符，闸墩处的支座反力与实际的铅直荷载也不相等。因此，该法只适用于软弱地基上的小型水闸。

计算时，先按偏心受压公式计算纵向地基反力，然后在垂直水流方向截取若干单宽板条，作为支承在闸墩上的倒置梁，接连续梁计算其内力并布置钢筋。作用在梁上的均布荷载 q 为

$$q = q_{反} + q_{扬} - q_{自} - q_{水} \tag{5.16}$$

式中　$q_{反}$、$q_{扬}$——地基反力及扬压力，kPa/m；

　　　$q_{自}$、$q_{水}$——底板及作用在底板上水的重力，kPa/m。

单孔闸底板计算时，考虑墩、墙对底板的约束为弹性固结，故跨中负弯矩可近似按式（5.17）计算，计算荷载如图 5.8 所示。

$$M_{max} = \frac{1}{10} q \left(\frac{L}{2} \right)^2 \tag{5.17}$$

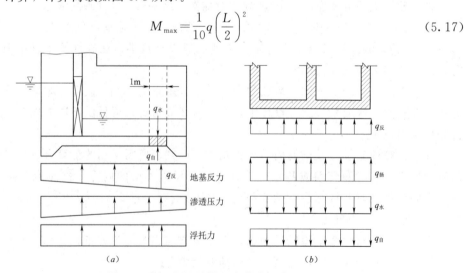

图 5.8 倒置梁法计算板条荷载示意

项目 6 施 工 组 织 设 计

【知识目标】
1. 了解水闸施工组织设计的内容。
2. 掌握水闸主体施工的方法。
3. 掌握水闸常用的地基处理方法。

【能力目标】
1. 会设计导流方案。
2. 会编制施工进度计划。
3. 会初步编制水闸施工组织设计方案。

任务 6.1 施 工 总 布 置

问题思考：1. 施工总布置应考虑哪些内容？
2. 施工组织设计方案编制包含哪些内容？

工作任务：根据设计资料，完成施工总布置，绘制施工总布置图，编制施工组织设计方案。

▶6.1

考核要点：施工总布置是否合理；施工组织设计方案合理性；学习态度及团队协作能力。

6.1.1 施工总布置的设计

施工总布置设计涉及的问题较多，各自有不同的特点，所以，在设计过程中，要根据工程规模、特点和施工条件，以永久性建筑为中心，研究解决主体工程施工与交通道路、仓库、临时房屋、施工动力、给排水管线及其他施工设施等总体布置问题，即正确解决施工地区的空间组织问题，以期在规定期限内完成整个工程的建设任务。

施工总平面布置的面积和位置以业主提供的用地范围为前提，用地面积不超过业主规划的施工用地范围，结合现场实际情况，力求合理、紧凑、减少干扰、节省成本，合理规划布置，并应符合消防、安全、环保要求。

1. 施工总布置的内容

施工总布置应包括以下内容：一切原有的建筑物、构筑物（含地上、地下），一切拟建的建筑物、构筑物（含地上、地下），一切为拟建建筑物施工服务的临时建筑物和临时设施。

2. 施工总布置的原则

（1）施工总布置应遵循业主意愿、合同文件、国家行业的有关规程规范，国家对安

81

全、环保、工业卫生规定有关法规、规章等的规定。

（2）施工待建临时施工道路应满足以下原则：

1）布置在业主征地范围内，合理、经济的基础上，利用自然地理条件结合工程特点布置临时道路。

2）各道路必须满足开挖、填筑施工指标要求，保证施工车辆和地方车辆畅通，确保交通安全。

3）路面路况保证良好，排水通畅，并无偿提供给发包方和监理使用，且为其他单位提供使用方便。

4）道路施工时，跨越工区供电、通信、供水和排水设施保护措施，力求不造成施工区邻近的农田、民舍、其他标段或卫生环境的危害。

（3）生活办公区布置在业主指定的区域，占地不超过业主规定要求，生活办公用房建筑风格按招标投标阶段标书规定风格设计，各项配套设施齐全，满足卫生、消防、安全、环保要求。

（4）辅助工厂区按业主指定的区域布置，占地不超过招标投标阶段标书规定要求，各类工厂设立以满足主体工程施工要求布置，布置合理、经济、安全可靠，满足卫生、消防、安全、环保要求。

（5）砂石骨料生产系统应在满足工程的用量强度要求下设计，布置合理、经济、安全、环保可靠。

（6）氧气和乙炔库、油料等危险材料库的布置遵守国家安全、防爆、防火等规程和合同文件的要求，炸药库由业主提供，严格管理。

（7）风、水、电系统根据施工需要，按设计规范要求进行规划、设计、安装，系统设计合理、经济。管（线）路及电器的布置应就近工作面展开，并安全可靠。施工变压器采用箱式变压器。

（8）安全设施标识、标牌的布置，按照安全生产标准化建设的要求，在施工现场做好各项标识、标牌的布置工作。

（9）生产废水处理系统，应确保满足环保要求。

（10）施工临时设施布置高程不低于相应设计洪水标准，确保施工度汛安全。

3.施工总布置规划分区

（1）施工总布置可按以下分区：① 主体工程施工区；②施工工厂区；③当地建材开采区；④仓库、站场、码头等储运系统；⑤机电设备、金属结构和大型施工机械设备安装场地；⑥工程弃料堆放场；⑦施工管理中心及各施工工区；⑧生活福利区、施工单位营地。

（2）施工区布置应使枢纽工程施工形成最优工艺流程，分区间交通道路布置合理，运输方便，尽量避免反向运输和二次倒运。以混凝土建筑物为主的枢纽工程，施工区布置宜以砂石开采加工、混凝土拌和、浇筑系统为主线布置；以当地材料坝为主的枢纽工程，施工区宜以土石料采挖、加工、堆料场和上坝运输线为主线布置。

（3）机电设备、金属结构安装场地，宜靠近主要安装场地，无条件时，应有方便的运输道路。

（4）施工管理中心宜设在主体工程、施工工厂区和仓库区的适中地段，各施工区应靠近各施工对象。生活福利设施应考虑风向、日照、噪声、绿化、水源水质等因素，生活与生产区相对分离。

（5）主要施工物资仓库、站场、转运站等，一般布置在场内外交通衔接处，各承包单位的物资仓库可设在相应的施工区内；炸药库、雷管库、油库等，应按有关安全规程要求设置。

（6）现场内除业主自己经营的设施，或虽不由业主经营，但从现场全局规划来看需要对某些设施的位置、容量、生产规模或其他布置上的要求做出具体规定外，一般对承包商辖区内的布置不宜规定过死，留给承包商一定的机动权，以便使他们能按照自己的生产经验与技术特点安排好自己辖区内的布置。

6.1.2 施工组织设计方案编制

施工组织设计是研究施工条件、选择施工方案、对工程施工全过程实施组织和管理的指导性文件，是编制工程投资估算、设计概算和招标投标文件的主要依据。本节仅对初步设计中的施工组织设计进行介绍。

根据初步设计编制规程和施工组织设计规范，初步设计的施工组织设计应包含以下 8 个方面的内容。

1. 施工条件

施工条件包括工程条件、自然条件、物质资源供应条件以及社会经济条件等，主要有：

（1）工程所在地点，对外交通运输，枢纽建筑物及其特征。

（2）地形、地质、水文、气象条件，主要建筑材料来源和供应条件。

（3）当地水源、电源情况，施工期间通航、过木、过鱼、供水、环保等要求。

（4）对工期、分期投产的要求。

（5）施工用地、居民安置以及与工程施工有关的协作条件等。

2. 施工导流

施工导流设计应在综合分析导流条件的基础上，确定导流标准，划分导流时段，明确施工分期，选择导流方案、导流方式和导流建筑物，进行导流建筑物的设计，提出导流建筑物的施工安排，拟定截流、度汛、拦洪、排冰、通航、过木、下闸封堵、供水、蓄水、发电等措施。

3. 主体工程施工

主体工程包括挡水、泄水、引水、发电、通航等主要建筑物，应根据各自的施工条件，对施工程序、施工方法、施工强度、施工布置、施工进度和施工机械等问题进行分析比较和选择。

4. 施工交通运输

（1）对外交通运输：是在弄清现有对外水陆交通和发展规划的情况下，根据工程对外运输总量、运输强度和重大部件的运输要求，确定对外交通运输方式选择线路的标准和线路，规划沿线重大设施和与国家干线的连接，并提出场外交通工程的施工进度安排。

（2）场内交通运输：应根据施工场区的地形条件和分区规划要求，结合主体工程的施工运输，选定场内交通主干线路的布置和标准，提出相应的工程量。施工期间，若有船、木过坝问题,应做出专门的分析论证,提出解决方案。

5. 施工工厂设施和大型临建工程

(1) 施工工厂设施,应根据施工的任务和要求,分别确定各自位置、规模、设备容量、生产工艺、工艺设备、平面布置、占地面积、建筑面积和土建安装工程量,提出土建安装进度和分期投产的计划。

(2) 大型临建工程,要做出专门设计,确定其工程量和施工进度安排。

6. 施工总布置

施工总布置主要有以下任务:

(1) 对施工场地进行分期、分区和分标规划。

(2) 确定分期分区布置方案和各承包单位的场地范围。

(3) 对土石方的开挖、堆料、弃料和填筑进行综合平衡,提出各类房屋分区布置一览表。

(4) 估计用地和施工征地面积,提出用地计划。

(5) 研究施工期间的环境保护和植被恢复的可能性。

7. 施工总进度

合理安排施工进度:

(1) 必须仔细分析工程规模、导流程序、对外交通、资源供应、临建准备等各项控制因素,拟定整个工程的施工总进度。

(2) 确定项目的起讫日期和相互之间的衔接关系。

(3) 对导流截流、拦洪度汛、封孔蓄水、供水发电等控制环节,工程应达到的形象面貌,需做出专门的论证。

(4) 对土石方、混凝土等主要工种工程的施工强度,对劳动力、主要建筑材料、主要机械设备的需用量,要进行综合平衡。

(5) 要分析施工工期和工程费用的关系,提出合理工期的推荐意见。

8. 主要技术供应计划

(1) 根据施工总进度的安排和定额资料的分析,对主要建筑材料和主要施工机械设备,列出总需要量和分年需要量计划。

(2) 在施工组织设计中,必要时还需提出进行试验研究和补充勘测的建议,为进一步深入设计和研究提供依据。

(3) 在完成上述设计内容时,还应提出相应的附图。

任务 6.2　施 工 导 流 设 计

◎6.2

问题思考: 1. 施工导流的方法是什么?

　　　　　　2. 有哪些导流建筑物?

　　　　　　3. 施工导流方案需要考虑哪些方面?

工作任务: 根据设计资料,计算设计施工导流方案。

考核要点: 导流标准的确定;导流方法;导流建筑物水力计算;坝顶高程确定;各个

计算步骤是否准确，计算结果是否合理；学习态度及团队协作能力。

6.2.1　施工导流的概念

一项水利工程施工，在其中某一部位或某一阶段的施工期内，为了避免内外水的干扰，一般用围堰把施工地段保护起来，然后用明渠、隧洞或渡槽等把施工期内的来水从上游安全地导引到下游。这种设施称为导流工程，包括围堰和导流设施两个部分。在遭遇一定防洪标准的外水考验时，导流工程能给施工足够的安全防护和排水能力；出现特殊情况时，也有条件采取必要的应急手段。

施工导流的任务和目的，就是为施工创造一个对外有一定安全保证，并尽可能减少内水干扰的良好条件。因此，施工导流是水工建筑物动工前必须做好的重要准备工作之一。它对于提高工效，缩短工期，保障安全，节约人力、物力、财力，提前发挥工程效益，都有着十分重要的意义。

小型水工建筑物只要抓住时机把受外水影响较大的部位在一个枯水期内完成，这样只有枯水期导流需要，导流工程难度将大大减小，资金、人力也可大大节约。

6.2.2　施工导流

施工导流的基本方法及解决问题见表6.1。

表6.1　　　　　　　　　　　施工导流的基本方法及解决问题

方法		问　　题
施工导流	导	如何将水流导向下游
	截	如何将原河床的水流拦断，使其按照人们的意图下泄
	拦	如何在洪水来临时拦住洪水，保证整个水利枢纽的安全度汛
	蓄	如何在工程建设的中后期及时蓄水，保证工程的效益按时发挥
	泄	如何保证水流顺畅流向下游

6.2.3　导流建筑物

◉ 6.2.3

导流建筑物是指枢纽工程施工期所使用的临时挡水建筑物和泄水建筑物。导流挡水建筑物主要是围堰。导流泄水建筑物包括导流明渠、导流隧洞、导流涵管、导流底孔等临时建筑物和部分利用的永久性泄水建筑物。

1. 导流明渠

上下游围堰一次拦断河床形成基坑，保护主体建筑物干地施工，天然河道水流经河岸或滩地上开挖的导流明渠泄向下游的导流方式称为明渠导流。

（1）明渠导流的适用条件。如坝址河床较窄，或河床覆盖层很深，分期导流困难，且具备下列条件之一者，可考虑采用明渠导流：

1）河床一岸有较宽的台地、垭口或古河道。

2）导流流量大，地质条件不适于开挖导流隧洞。

3）施工期有通航、排冰、过木要求。

4）总工期紧，不具备洞挖经验和设备。

国内外工程实践证明，在导流方案比较过程中，当明渠导流和隧洞导流均可采用时，

85

一般倾向于明渠导流，这是因为明渠开挖可采用大型设备，加快施工进度、对主体工程提前开工有利。当施工期间河道有通航、过木和排冰要求时，明渠导流更是明显有利。

（2）导流明渠布置。导流明渠布置分在岸坡上和滩地上两种布置形式。

1）导流明渠轴线的布置。导流明渠应布置在较宽台地、垭口或古河道一岸；渠身轴线要伸出上下游围堰外坡脚，水平距离要满足防冲要求，一般为 $50\sim100$ m，明渠进出口应与上下游水流相衔接，与河道主流的交角以 $30°$ 为宜；为保证水流畅通，明渠转弯半径应大于 5 倍渠底宽；明渠轴线布置应尽可能缩短明渠长度和避免深挖方。

2）明渠进出口位置和高程的确定。明渠进出口力求不冲、不淤和不产生回流，可通过水力学模型试验调整进出口形状和位置，以达到这一目的；进口高程按截流设计选择，出口高程一般由下游消能控制；进出口高程和渠道水流流态应满足施工期通航、过木和排冰要求；在满足上述条件下，尽可能抬高进出口高程，以减少水下开挖量。

（3）导流明渠断面设计。

1）明渠断面尺寸的确定。明渠断面尺寸由设计导流流量控制，并受地形地质和允许抗冲流速影响，应按不同的明渠断面尺寸与围堰的组合，通过综合分析确定。

2）明渠断面形式的选择。明渠断面一般设计成梯形，渠底为坚硬基岩时，可设计成矩形。有时为满足截流和通航不同目的，也有设计成复式梯形断面。

3）明渠糙率的确定。明渠糙率大小直接影响明渠的泄水能力，而影响糙率大小的因素有衬砌的材料、开挖的方法、渠底的平整度等，可根据具体情况查阅有关手册确定，对大型明渠工程，应通过模型试验选取糙率。

（4）明渠封堵。导流明渠结构布置应考虑后期封堵要求。当施工期有通航、放木和排冰任务，明渠较宽时，可在明渠内预设闸门墩，以利于后期封堵。施工期无通航、过木和排冰任务时，应于明渠通水前，将明渠坝段施工到适当高程，并设置导流底孔和坝面口使两者联合泄流。

2. 围堰

围堰是导流工程中临时的挡水建筑物，用来围护施工中的基坑，保证水工建筑物能在干地施工。在导流任务结束后，如果围堰对永久性建筑物的运行有妨碍或没有考虑作为永久性建筑物的一部分，应予拆除。

水利水电工程中经常采用的围堰，按其所使用的材料，可以分为土石围堰、混凝土围堰、钢板桩格型围堰和草土围堰等。按围堰与水流方向的相对位置，可分为横向围堰和纵向围堰。按导流期间基坑淹没条件，可以分为过水围堰和不过水围堰。过水围堰除需要满足一般围堰的基本要求，还要满足围堰顶过水的专门要求。

选择围堰形式时，必须根据当时当地的具体条件，在满足下述基本要求的原则下，通过技术经济比较加以选定：

1）具有足够的稳定性、防渗性、抗冲性和一定的强度。

2）造价低，构造简单，修建、维护和拆除方便。

3）围堰的布置应力求使水流平顺，不发生严重的水流冲刷。

4）围堰接头和岸边连接都要安全可靠，不至于因集中渗漏等破坏作用而引起围堰失事。

5）有必要时应设置抵抗冰凌、船筏的冲击和破坏的设施。

（1）土石围堰。土石围堰是水利水电工程中应用最为广泛的一种围堰形式。它是用当地材料填筑而成的围堰，不仅可以就地取材和充分利用开挖弃料做围堰填料，而且构造简单，施工方便，易于拆除，工程造价低，可以在流水中、深水中、岩基或有覆盖层的河床上修建。但其工程量较大，堰身沉陷变形也较大，如柘溪水电站的土石围堰一年中累计沉陷量最大达 40.1cm，为堰高的 1.75%。一般为 0.8%～1.5%。

因土石围堰断面较大，一般用于横向围堰，但在宽阔河床的分期导流中，由于围堰束窄河床增加的流速不大，也可作为纵向围堰，但需注意防冲设计，以保围堰安全。

土石围堰的设计与土石坝基本相同，但其结构形式在满足导流期正常运行的情况下应力求简单，便于施工。

（2）混凝土围堰。混凝土围堰的抗冲与抗渗能力强，挡水水头高，底宽小，易于与永久性混凝土建筑物相连接，必要时还可以过水，因此应用比较广泛。在国外，采用拱形混凝土围堰的工程较多。近年来，国内贵州省的乌江渡、湖南省的凤滩等水利水电工程也采用过拱形混凝土围堰作为横向围堰，但多数还是以重力式围堰作为纵向围堰，如三门峡、丹江口、三峡工程的混凝土纵向围堰均为重力式混凝土围堰。

（3）钢板桩格型围堰。钢板桩格型围堰是重力式挡水建筑物，由一系列彼此相接的格体构成，按照格体的平面形状，可分为圆筒形格体、扇形格体和花瓣形格体。这些形式适用于不同的挡水高度，应用较多的是圆筒形格体。

钢板桩格型围堰是由许多钢板桩通过锁口互相连接而成为格形整体。钢板桩的锁口有握裹式、互握式和倒钩式三种。格体内填充透水性强的填料，如砂、砂卵石或石渣等。在向格体内进行填料时，必须保持各格体内的填料表面大致均衡上升，因高差太大会使格体变形。

钢板桩格型围堰坚固、抗冲、抗渗、围堰断面小，便于机械化施工；钢板桩的回收率高，可达 70% 以上；尤其适用于束窄度大的河床段作为纵向围堰，但由于需要大量的钢材，且施工技术要求高，我国目前仅应用于大型工程中。

圆筒形格体钢板桩围堰，一般适用于挡水高度小于 15～18m，可以建在岩基上或非岩基上，也可作为过水围堰用。

圆筒形格体钢板桩围堰的修建由定位、打设模架支柱、模架就位、安插钢板桩、打设钢板桩、填充料渣、取出模架及其支柱和填充料渣到设计高程等工序组成。圆筒形格体钢板桩围堰一般需在流水中修筑，受水位变化和水面波动的影响较大，施工难度较大。

6.2.4 导流标准

导流建筑物级别及其设计洪水标准，简称施工导流标准。导流设计流量的大小取决于导流设计的洪水频率标准，通常简称为导流设计标准。

施工期可能遭遇的洪水是一个随机事件。如果标准太低，不能保证工程的施工安全；反之，则使导流工程设计规模过大，不仅导流费用增加．而且可能因其规模太大而无法按期完工，造成工程施工的被动局面。因此，导流设计标准的确定，实际是要在经济性与风险性之间加以抉择。根据《水电工程施工组织设计规范》（DI/T 5397—2007），在确定导流设计标准时，首先根据导流建筑物（指枢纽工程施工期所使用的临时性挡水和泄水建筑物）所保护对象、失事后果、使用年限和围堰工程规模划分为 3、4、5 三级，具体按表 6.2 确定，然后根据导流建筑物级别及导流建筑物类型确定导流标准，见表 6.3。

表 6.2　　　　　　　　　　　　　　　导流建筑物级别划分

建筑物级别	保护对象	失事后果	使用年限/年	围堰工程规模	
				高度/m	库容/亿 m³
3	有特殊要求的 1 级永久性建筑物	淹没重要城镇、工矿企业、交通干线或推迟总工期及第一台（批）机组发电工期，造成重大伤害和损失	>3	>50	>1.0
4	1 级、2 级永久性建筑物	淹没一般城镇、工矿企业或影响总工期及第一台（批）机组发电工期，造成较大损失	2～3	15～50	0.1～1.0
5	3 级、4 级永久性建筑物	淹没基坑，但对总工期及第一台（批）机组发电工期影响不大，经济损失较小	<2	<15	<0.1

注　1. 导流建筑物包括挡水建筑物和泄水建筑物，两者级别相同。
　　2. 表中所列四项指标均按导流分期划分。
　　3. 有特殊要求的 1 级永久性建筑物系指施工期不允许过水的土石坝及其他有特殊要求的永久性建筑物。
　　4. 使用年限系指导流建筑物每一施工阶段的工作年限，两个或两个以上施工阶段共用的导流建筑物，如一期、二期共用的纵向围堰，其使用年限不能叠加计算。
　　5. 围堰工程规模一栏中，高度指挡水围堰最大高度，库容指堰前设计水位拦蓄在河内的水量，两者必须同时满足。

表 6.3　　　　　　　　导流建筑物洪水标准划分（重现期）　　　　　　　　单位：年

导流建筑物类型	导流建筑物级别		
	3	4	5
土石	50～20	20～10	10～5
混凝土	20～10	10～5	5～3

在确定导流建筑物的级别时，当导流建筑物根据表 6.2 指标分属不同级别时，应以其中最高级别为准。但列为 3 级导流建筑物时，至少应有两项指标符合要求；不同级别的导流建筑物或同级导流建筑物的结构形式不同时，应分别确定洪水标准、堰顶超高值和结构设计安全系数；导流建筑物级别应根据不同的施工阶段按表 6.2 划分，同一施工阶段中的各导流建筑物的级别，应根据其不同作用划分；各导流建筑物的洪水标准必须相同，一般以主要挡水建筑物的洪水标准为准；利用围堰挡水发电时，围堰级别可提高一级，但必须经过技术经济论证；导流建筑物与永久性建筑物接合时，接合部分结构设计应采用永久性建筑物级别标准，但导流设计级别与洪水标准仍按表 6.2 及表 6.3 规定执行。

当 4 级、5 级导流建筑物地基地质条件非常复杂，或工程具有特殊要求必须采用新型结构，或失事后淹没重要厂矿、城镇时，结构设计级别可以提高一级，但设计洪水标准不相应提高。

确定导流建筑物级别因素复杂，当按表 6.2 和上述各条件确定的级别不合理时，可根据工程具体条件和施工导流阶段的不同要求，经过充分论证，予以提高或降低。

导流建筑物设计洪水标准，应根据建筑物的类型和级别在表 6.3 规定幅度内选择，并结合风险度综合分析，使所选择标准经济合理，对失事后果严重的工程，要考虑对超标准洪水的应急措施。

导流建筑物洪水标准，在下述情况下可用表 6.3 中的上限值：

（1）河流水文实测资料系列较短（小于 20 年）或工程处于暴雨中心区。

（2）采用新型围堰结构形式。

（3）处于关键施工阶段，失事后可能导致严重后果。

（4）导流工程规模、投资和技术难度用上限值与下限值相差不大。

临时性水工建筑物洪水标准应根据建筑物的结构类型和级别，在表 6.3 规定的幅度内，结合风险度综合分析合理选用。对失事后果严重的，应考虑遇超标准洪水的应急措施。

6.2.5 施工导流方案

为了解决好施工导流问题，必须做好施工导流设计。施工导流设计的任务是分析研究当地的自然条件、工程特性和其他行业对水资源的需求来选择导流方案，划分导流时段，选定导流标准和导流设计流量，确定导流建筑物的形式、布置、构造和尺寸，拟定导流建筑物的修建、拆除、封堵的施工方法，拟定河道截流、拦洪度汛和基坑排水的技术措施，通过技术经济比较，选择一个最经济合理的导流方案。

水闸枢纽工程施工中所采用的导流方法通常不是单一的，而是几种导流方法组合起来配合运用，这种不同导流时段不同导流方法的组合称为导流方案。

6.2.6 导流时段

导流时段就是按照导流程序划分的各施工阶段的延续时间。其实质是解决施工全过程中，逐年的枯水期的水怎么走，洪水期的水怎么过，也就是确定工程施工顺序和施工期不同时期宣泄不同导流流量的方式。

广义上说，无论是分期导流，还是一次拦断，即使采用不过水围堰，通常也有导流时段划分的问题。不过对导流设计流量来说，时段划分主要是指枯水期施工时段的选择，或围堰挡水时段的选择。

6.2.7 导流方法

全段围堰法导流是在河床主体工程的上下游各建一道拦河围堰，使上游来水通过预先修筑的临时或永久性泄水建筑物（如明渠、隧洞等）泄向下游，主体建筑物在排干的基坑中进行施工，主体工程建成或接近建成时再封堵临时泄水道。这种方法的优点是工作面大，河床内的建筑物在一次性围堰的围护下建造，如能利用水利枢纽中的永久泄水建筑物导流，可大大节约工程投资。

全段围堰法按泄水建筑物的类型不同可分为明渠导流、隧洞导流、涵管导流等。

分段围堰法也称分期围堰法或河床内导流，就是用围堰将建筑物分段分期围护起来进行施工的方法。所谓分段，就是从空间上将河床围护成若干个干地施工的基坑段进行施工。所谓分期，就是从时间上将导流过程划分成阶段。导流的分期数和围堰的分段数并不一定相同，因为在同一导流分期中，建筑物可以在一段围堰内施工，也可以同时在不同段内施工。必须指出，段数分的越多，围堰工程量越大，施工也越复杂；同样，期数分的越多，工期有可能拖得越长。因此，在工程实践中，二段二期导流法采用得最多（如葛洲坝工程、三门峡工程等都采用)。只有在比较宽阔的通航河道上施工，不允许断航或其他特殊情况下，才采用多段多期导流法(如三峡工程施工导流采用二段三期的导流法)。

分段围堰法导流一般适用于河床宽阔、流量大、施工期较长的工程，尤其在通航河流和冰凌严重的河流上。这种导流方法的费用较低，国内外一些大、中型水利水电工程采用较广。分段围堰法导流，前期由束窄的原河道导流，后期可利用事先修建好的泄水道导流，常见泄水道的类型有底孔、缺口等。

6.2.8　导流建筑物的水力计算

导流水力计算的主要任务是计算各种导流泄水建筑物的泄水能力，以便确定泄水建筑物的尺寸和围堰高程。隧洞导流水力计算可参考《水力学》教材。现主要介绍束窄河床水位壅高计算。

分期导流围堰束窄河床后，使天然水流发生改变，在围堰上游产生水位壅高，其值可采用式(6.1)试算，即先假设上游水位 H_0 算出 Z 值，然后将 $Z+t_{cp}$ 与所设 H_0 比较，逐步修改 H_0 值，直至接近 $Z+t_{cp}$ 值，一般 2~3 次即可。

$$Z=\frac{1}{\varphi^2}\frac{V_c^2}{2g}-\frac{V_0^2}{2g} \tag{6.1}$$

$$v_c=\frac{Q}{W_c}$$

$$W_c=\varepsilon b_c t_{cp}$$

式中　Z——水位壅高，m；

V_0——行近流速，m/s；

g——重力加速度，取 9.8m/s²；

φ——流速系数，与围堰布置形式有关；

v_c——束窄河床平均流速，m/s；

Q——计算流量，m³/s；

W_c——收缩断面有效过水断面面积，m²；

b_c——束窄河段过水宽度，m；

t_{cp}——河道下游平均水深，m；

ε——过水断面侧收缩系数，单侧收缩时采用 0.95，两侧收缩时采用 0.90。

6.2.9　堰顶高程的确定

堰顶高程的确定取决于导流设计流量及围堰的工作条件。

下游横向围堰堰顶高程可按下式计算

$$H_d=h_d+Z+h_a+\delta \tag{6.2}$$

式中　H_d——上游围堰的顶部高程，m；

Z——上下游水位差，m；

h_a——波浪高度，可参照永久性建筑物有关规定和其他专业规范计算，一般情况可以不计，但应适当增加超高。

纵向围堰的堰顶高程，应与堰侧水面曲线相适应。通常纵向围堰顶面做成阶梯形或倾斜状，其上、下游高程分别与相应的横向围堰同高。

水闸闸墩结构计算应考虑两种情况：

（1）运用期，两边闸门都关闭时，闸墩承受最大水头时的水压力（包括闸门传来的水压力）、墩自重及上部结构重量，此时，对平面闸门的闸墩应验算墩底应力和门槽应力；弧形闸门的闸墩除验算墩底应力以外，还须验算牛腿强度及牛腿附近闸墩的拉应力集中现象。

（2）检修期，一孔检修，上下游检修门关闭而邻孔过水或关闭时，闸墩承受侧向水压力、闸墩及其上部结构的重力，应验算闸墩底部强度，弧形闸门的闸墩还应验算不对称状态时的应力。

任务6.3　地 基 处 理

问题思考： 1. 水闸常用的地基处理方法有哪些？

2. 不同地基处理方法各有何适用条件？

3. 钻孔灌注桩的工作原理是什么？

工作任务： 根据设计资料，选择相应的地基处理方法。

考核要点： 不同类型地基的常用处理方法；钻孔灌注桩地基处理方法；学习态度及团队协作能力。

水闸地基应能满足承载力、稳定和变形的要求。水闸常用地基处理的方法有换填法、预压加固、振冲法、钻孔灌注桩、沉井、高压喷射灌浆等。

6.3.1　换填法

换填法是将水闸基础下的软弱土层或有缺陷土层的一部分或全部挖除，然后换填密度大、压缩性低、强度高、稳定性好的天然或人工材料，并分层压实至要求的密实度，以达到改善地基应力分布、提高地基稳定性和减少地基沉降的目的，如图6.1所示。

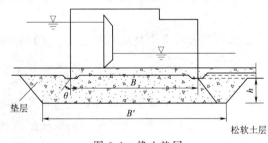

图6.1　换土垫层

换填法处理的对象主要是淤泥、淤泥质土、湿陷性土、膨胀土、冻胀土、杂填土等。工程中常用的垫层材料有砂土、黏土、壤土、砂壤土、砂石等。当软弱土层较薄，全部换土；软弱土层较厚，可采用部分换土。

回填料应按规定分层铺填，密实度应符合设计要求。下层的密实度经检验合格后，方可铺填上一层。竖向接缝应相互错开。

6.3.2　预压加固

在修建水闸之前，先在建闸范围内的软土地基表面加荷（如堆土、堆石），对地基进行预压，等沉降基本稳定后，将荷载挖去，再正式修建水闸。预压堆石高度，应使预压荷重为1.5～2.0倍水闸荷载，但不能超过地基的承载能力，否则会造成天然地基的破坏。

堆土预压时，施工进度不能过快，以免地基发生滑动或将基土挤出地面。根据经验，堆土（石）施工需分层堆筑，每层高 1～2m，填筑后间歇 10～15d，待地基沉降稳定后，再进行下一次堆筑。根据水闸的规模，预压施工时间为半年至一年。对含水量较大的黏性土地基，为了缩短预压施工时间，可在地基中设置塑料排水板，以改善软土地基的排水条件，加快地基固结。塑料排水板间距一般为 1～3m，深度应穿过预压层。

6.3.3 振冲法

振冲法是利用振冲器在土层中进行射水振冲造孔，并以碎石或砂砾充填形成碎石桩或砂砾桩，达到加固地基的一种方法。振冲法适用于砂土或砂壤土地基的加固，软弱黏性土地基必须经论证方可使用。振冲置换所用的填料宜用碎石、角砾、砾砂或粗砂，不得使用砂石混合料。填料最大粒径不应大于 50mm，含泥量不应大于 5%，且不得含黏土块。

振冲法的施工设备应满足下列要求：振冲器的功率、振动力和振动频率应按土质情况和工程要求选用；起重设备的吊重能力和提升高度，应满足施工和安全要求，一般起重能力为 80～150kN；振冲器的出口水压宜为 0.4～0.8MPa，供水量宜控制在 200～400L/min；应有控制质量的装置。振冲施工前，应进行现场试验，确定反映密实程度的电流值、留振时间及填料量等施工参数。振冲施工过程包括定位、造孔、清孔和振密等。振冲前应按设计图纸定出冲孔中心位置并编号。造孔时，用起重设备悬吊振冲器，对准桩位，打开下喷水口，启动振冲器。振冲器贯入速度宜为 1～2m/min，且每贯入 0.5～1.0m 宜悬挂留振进行扩孔。留振时间应根据试验确定，一般为 5～10s。当造孔达设计深度后，振冲器在孔底适当留振并关闭下喷口，打开上喷水口，以便排除泥浆进行清孔。振冲器提出孔口，向孔内倒入一批填料，约 1m 桩深，将振动器下降至填料中进行振密，待振密电流达到规定数值，将振动器提出孔口，如此反复直至孔口，成桩操作完成。制桩宜保持小水量补给，每次填料应均匀对称，其厚度不宜大于 50cm。

振冲桩宜采用由里向外或从一边向另一边的顺序制桩。孔位偏差不宜大于 100mm，完成后的桩顶中心偏差不应大于 0.3 倍的桩孔直径。振冲时应检查填料量、反映密实程度的电流值和留振时间是否达到规定要求。制桩完毕后应复查，防止漏桩。桩顶不密实部分应挖除或采取其他补救措施。

砂土、砂壤土地基的加固效果检验，分别在加固 7 天及半个月后，对桩间土采用标准贯入、静力触探等方法进行。对复合地基可采用荷载试验检验。

6.3.4 钻孔灌注桩

钻孔灌注桩是根据地质条件选用回转、冲击、冲抓或潜水等钻机进行钻孔，待孔深达到设计要求后进行清孔，放入钢筋笼，然后水下浇筑混凝土成桩。各种钻机的使用范围详见表 6.4。

表 6.4　　　　　　　　　　钻孔灌注桩各种机具适用范围表

钻孔方法	适 用 范 围			需否泥浆浮悬钻渣
	土　层	孔径/cm	孔深/m	
正循环回转	黏土、砂、壤土、含少量砂砾卵石的土	80～160	30～100	需要
反循环回转	黏土、砂、含少量砂砾的土	80～120	<35	不需要
潜水电钻	软土、腐质土、砂壤土、砂	100～220	60～70	需要

续表

钻孔方法	适 用 范 围			需否泥浆浮悬钻渣
	土 层	孔径/cm	孔深/m	
冲抓锥	软土、腐殖土、密实黏土、砂土、砂砾石、卵石	100~200	<30	不需要
冲击钻	砂土、壤土、砂砾石、松散卵石	60~150	<40	需要
人工推钻（大锅锥）机动蜗杆推钻	壤土、含少量砂砾的土	60~100	20~30	不需要

在有地下水、流沙、砂夹层及淤泥等土层中钻孔时，先在测定桩位上埋设护筒，护筒一般由 3~5mm 厚钢板做成。用回转钻机时，护筒内径宜大于钻头直径 20cm；用冲击、冲抓钻机时，宜大于 30cm。护筒埋置应稳定，其中心线与桩位中心的允许偏差不应大于50mm。护筒顶端应高出地面 30cm 以上；当有承压水时，应高出承压水位 1.5~2.0m。护筒的埋设深度：在地面黏性土中不宜小于 1.0m，在软土或砂土中不宜小于 2.0m。护筒四周应分层回填黏性土，对称夯实。

钻孔的同时应采用泥浆衬护孔壁，避免出现塌孔现象。在黏土和壤土中成孔时，可注入清水，以原土造浆护壁，排渣泥浆的比重应控制在 1.1~1.2；在砂土和夹砂土层中成孔时，孔中泥浆比重应控制在 1.1~1.3；在砂卵石或易坍孔的土层中成孔时，孔中泥浆比重应控制在 1.3~1.5。泥浆宜选用塑性指数 $I_p \geq 17$ 的黏土调制。泥浆控制指标：黏度18~22Pa·s，含砂率不大于 4%~8%，胶体率不小于 90%。施工中，应经常在孔内取样，测定泥浆的比重。

钻孔达设计深度后，应进行终孔检查，并及时进行清孔。终孔检查的主要内容为孔位、孔径、孔斜率、孔深，应符合表 6.5 的质量要求。清孔应满足以下要求：孔壁土质较好且不易坍孔时，可用空气吸泥机清孔；用原土造浆的孔，清孔后泥浆比重应控制在 1.1左右；孔壁土质较差时，宜用泥浆循环清孔，清孔后的泥浆比重应控制在 1.15~1.25，泥浆含砂率控制在 8% 以内；清孔过程中，必须保持浆面稳定，护筒中水位高出地下水位1.5m，防止塌孔；清空后桩底沉渣允许厚度，摩擦桩应小于 30cm，端承桩应小于 l0cm。

表 6.5 　　　　　　　　　　**灌注桩钻孔的质量标准**

项次	项　　目	质 量 标 准
1	孔的中心位置偏差	单排桩不大于 100mm 群桩不大于 150mm
2	孔径偏差	+100mm，−50mm
3	孔斜率	<1%
4	孔深	不得小于设计孔深

清孔后及时下入钢筋骨架，进行水下混凝土浇筑。水下混凝土水泥强度等级不应低于32.5级，水泥性能除应符合现行标准的要求外，其初凝时间不宜早于 2.5h；粗骨料最大粒径应不大于导管内径的 1/6 和钢筋最小间距的 1/3，并不大于 40mm；含砂率一般为40%~50%，应掺用外加剂，水灰比不宜大于 0.6；坍落度和扩散度分别以 18~22cm 和34~38cm 为宜，水泥用量一般不宜少于 350kg/m³。

导管下口至孔底间距宜为 30～50cm；初灌混凝土时，宜先灌少量水泥砂浆；导管和储料斗的混凝土储料量应使导管初次埋深不小于 1m；灌注应连续进行，导管埋入深度应不小于 2.0m，并不应大于 5.0m；混凝土进入钢筋骨架下端时，导管宜深埋，并放慢灌注速度；桩顶灌注高度应比设计高程加高 50～80cm。

灌注过程中，随时测定坍落度，每根桩留取试块不得少于一组；当配合比有变化时，均应留试块检验。成桩的质量可用无损检验法进行初验，必要时，可对桩体钻芯取样检验。

6.3.5　沉井

沉井是一种带刃脚的井筒状构造物，它是利用人工或机械方法清除井内土石，借助自重克服井壁摩阻力逐节下沉至设计标高，再浇筑混凝土封底并填塞井孔，成为结构物的基础。

沉井的特点是埋置深度较大（如日本采用壁外喷射高压空气施工，井深超过 200m），整体性强，稳定性好，具有较大的承载面积，能承受较大的垂直和水平荷载。此外，沉井既是基础，又是施工时的挡土和挡水围堰结构物，施工工艺简便，技术稳妥可靠，无须特殊专业设备，并可做成补偿性基础，避免过大沉降，保证基础稳定性。因此在深基础或地下结构中应用较为广泛。但沉井基础施工工期较长，对粉、细砂类土在井内抽水易发生流沙现象，造成沉井倾斜；沉井下沉过程中遇到的大孤石、树干或井底岩层表面倾斜过大，也会给施工带来一定的困难。

沉井最适合在不太透水的土层中下沉，其易于控制沉井下沉方向，避免倾斜。一般下列情况可考虑采用沉井基础：

（1）上部荷载较大，表层地基土承载力不足，而在一定深度下有较好的持力层，且与其他基础方案相比较为经济合理。

（2）在山区河流中，虽土质较好，但冲刷大，或河中有较大卵石不便桩基础施工。

（3）岩层表面较平坦且覆盖层薄，但河水较深，采用扩大基础施工围堰有困难。

沉井可作为闸墩或岸墙的基础，如图 6.2 所示，用以解决地基承载力不足和沉降或沉降差过大；也可与防冲加固结合考虑，在闸室下或消力池末端设置较浅的沉井，也有在海漫末端设置小沉井的，以减少其后防冲设施的工程量。

沉井一般由井壁、刃脚、隔墙、井孔、凹槽、封底和顶板等组成，如图 6.3 所示。有时井壁中还预埋射水管等其他部分。

沉井基础施工一般可分为旱地施工、水中筑岛及浮运沉井三种。施工前应详细了解场地的地质和水文条件。水中施工应做好河流汛期、河床冲刷、通航及漂流物等的调查研究，充分利用枯水季节，制定出详细的施工计划及必要的措施，确保施工安全。

旱地沉井施工可分为就地制造、除土下沉、封底、充填井孔以及浇筑顶板等，其一般工序如下：

（1）清整场地。要求施工场地平整干净。若天然地面土质较硬，只需将地表杂物清净并整平，就可在其上制造沉井。否则应换土或在基坑处铺填不小于 0.5m 厚夯实的砂或砂砾垫层，防止沉井在混凝土浇筑之初因地面沉降不均产生裂缝。为减小下沉深度，也可挖一浅坑，在坑底制作沉井，但坑底应高出地下水面 0.5m。

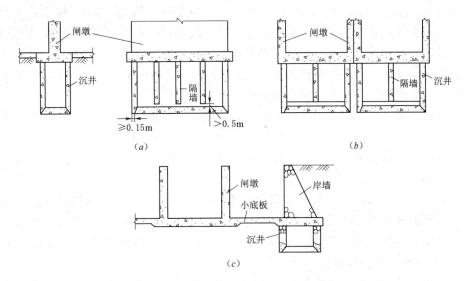

图 6.2 沉井布置

（2）制作第一节沉井。制造沉井前，应先在刃脚处对称铺满垫木，以支承第一节沉井的重量，并按垫木定位立模板以绑扎钢筋。垫木数量可按垫木底面压力不大于 100kPa 计算，其布置应考虑抽垫方便。垫木一般为枕木或方木（200mm×200mm），其下垫一层厚约 0.3m 的砂，垫木间间隙用砂填实（填到半高即可）。然后在刃脚位置处放上刃脚角钢，竖立内模，绑扎钢筋，再立外模浇筑第一节沉井。模板应有较大刚度，以免挠曲变形。当场地土质较好时也可采用土模。

（3）拆模及抽垫。当沉井混凝土强度达设计强度 70％时可拆除模板，达设计强度后方可抽撤垫木。抽垫应分区、依次、对称、同步地向沉井外抽出。其顺序为：先内壁下，再短边，最后长边。长边下垫木隔一根抽一根，以固定垫木为中心，由远而近对称地抽，最后抽除固定垫木，并随抽随用砂土回填捣实，以免沉井开裂、移动或偏斜。

（4）挖土下沉。第一节沉井的混凝土或砌筑砂浆达到设计强度，其余各节达到设计强度的 70％后，方可下沉。封底的沉井，在下沉前，对封底、底板与井壁接合部应凿毛处理；井壁上的穿墙孔洞或对穿螺栓等应进行防渗处理。

沉井宜采用不排水挖土下沉，在稳定的土层中，也可采用排水挖土下沉。挖土方法可采用人工或机械挖土，排水下沉常用人工挖土。人工挖土可使沉井均匀下沉和易于清除井内障碍物，但应有安全措施。不排水下沉时，可使用空气吸泥机、抓土斗、水力吸石筒、水力吸泥机等除土。通过黏土、胶结层挖土困难时，可采用高压射水破坏土层。

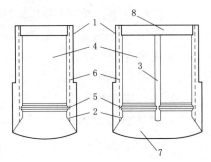

图 6.3 沉井的一般构造
1—井壁；2—刃脚；3—隔墙；4—井孔；
5—凹槽；6—射水管组；7—封底
混凝土；8—顶板

挖土应有计划地分层、均匀、对称地进行，先挖中部后挖边部，从中间向两端伸展。

每层挖深不宜大于 0.5m，分格沉井的井格间土面高差不应超过 1.0m。排水挖土时，地下水位应降低至开挖面下 0.5m。不排水挖土时，沉井内外水位要保持接近，防止翻砂，并备有向井内补水的设备。沉井近旁不得堆放弃土、建筑材料等，避免偏压。沉井下沉至距设计高程 2m 左右时，应放缓下沉速率，及时纠偏，并防止超沉。下沉时，每班至少观测两次，及时掌握和纠正沉井的位移和倾斜。

（5）接高沉井。当第一节沉井下沉至一定深度（井顶露出地面不小于 0.5m，或露出水面不小于 1.5m）时，停止挖土，接筑下节沉井。接筑前刃脚不得掏空，并应尽量纠正上节沉井的倾斜，凿毛顶面，立模，然后对称均匀浇筑混凝土，待强度达设计要求后再拆模继续下沉。

（6）设置井顶防水围堰。若沉井顶面低于地面或水面，应在井顶接筑临时性防水围堰，围堰的平面尺寸略小于沉井，其下端与井顶上预埋锚杆相连。井顶防水围堰应因地制宜，合理选用，常见的有土围堰、砖围堰和钢板桩围堰。若水深流急，围堰高度大于 5.0m 时，宜采用钢板桩围堰。

（7）基底检验和处理。沉井至设计标高后，排水下沉时可直接检验；不排水下沉则应进行水下检验，必要时可用钻机取样进行检验。

当基底达设计要求后，应对地基进行必要的处理。砂性土或黏性土地基，一般可在井底铺一层砾石或碎石至刃脚底面以上 200mm。未风化岩石地基，应凿除风化岩层，若岩层倾斜，还应凿成阶梯形。要确保井底浮土、软土清除干净，封底混凝土、沉井与地基结合紧密。

沉井下沉完毕后的允许偏差应符合下列规定：

1）刃脚平均高程与设计高程的偏差不得超过 100mm。

2）沉井四角中任何两个角的刃脚底面高差不得超过该两个角间水平距离的 0.5%，且不得超过 150mm；如其间的水平距离小于 10m，其高差可为 100mm。

3）沉井顶面中心的水平位移不得超过下沉总深度（下沉前后刃脚高差）的 1%；下沉总深度小于 10m 时，不宜大于 100mm。应检验基底地质情况是否与设计相符。

（8）沉井封底。待井体稳定，基底检验合格后应及时封底。排水下沉时，如渗水量上升速度不超过 6mm/min 可采用普通混凝土封底；否则宜用水下混凝土封底。若沉井面积大，可采用多导管先外后内、先低后高依次浇筑。封底一般为素混凝土，但必须与地基紧密结合，不得存在有害的夹层、夹缝。

（9）井孔填充和顶板浇筑。封底混凝土达设计强度后，再排干井孔中水，并按设计要求进行井孔填充。如井孔中不填料或仅填砾石，则井顶应浇筑钢筋混凝土顶板，以支承上部结构，且应保持无水施工。然后砌筑井上构筑物，并随后拆除临时性的井顶围堰。

6.3.6 高压喷射灌浆

高压喷射灌浆是利用钻机将带有特殊喷嘴的注浆管钻进至土层的预定深度，用高压喷射流强力冲击破坏土体，喷出的水泥浆与土体破坏后分离的土粒搅拌混合，经凝结固化后，便在土中形成一定性能和形状的固体，起到承载和防渗抗渗的目的。

高压喷射灌浆适用于处理淤泥、淤泥质土、黏性土、粉土、湿陷性黄土、砂土、碎石土及人工填土等地基；当土中含有较多的大粒径块石、坚硬性黏土，大量植物根茎或含有过多有机质时，应根据现场试验结果确定其适用程度。

高压喷射灌浆按射流介质不同可分为单管法、二管法、三管法。单管法用于制作直径0.3～0.8m的旋喷桩，二管法用于制作直径1m左右的旋喷桩，三管法用于制作直径1～2m的旋喷桩或修筑防渗板墙。高压喷射灌浆成套设备由造孔系统，供气、供水、供浆系统，喷射管路系统，浆液回收系统等组成。高压喷射灌浆的主要机具和施工参数见表6.6。

表 6.6 高压喷射灌浆主要机具及参数表

项 目			单管法	二管法	三管法
参数	喷嘴孔径/mm		2～3	2～3	2～3
	喷嘴个散/个		2	1～2	1～2
	旋转速度/(r/min)		20	10	5～15
	提升速度/(mm/min)		200～250	100	50～150
机具性能	高压泵	压力/MPa	20～40	20～40	20～40
		流量/(L/min)	浆液 60～120	浆液 60～120	水 60～150
	空压机	压力/MPa		0.7	0.7～0.8
		排气量/(m³/min)		1～3	1～3
	泥浆泵	压力/MPa			3.0～5.0
		流量/(L/min)			100～150

高压喷射灌浆所用水泥浆液宜采用32.5级硅酸盐水泥或普通硅酸盐水泥，浆液的比重为1.5～1.8，并按需要加入外加剂，但不宜使用引气型外加剂。水泥浆液的配合比和外加剂的用量应通过试验确定。水泥浆液应搅拌均匀，随拌随用。余浆存放时间不得超过4h。

高压喷射灌浆施工主要包括：定位、钻孔、下注浆管、喷射灌浆、清洗、二次灌浆充填、质检等工序。喷射灌浆有关施工要求有：

（1）机、管架应定位正确，安装平稳。

（2）孔位误差不大于10cm，孔的倾斜率应小于1.5%。

（3）高压喷射灌浆孔孔深应满足设计要求，成孔孔径一般比喷射管径大3～4cm。

（4）喷射前，应检查喷射管是否畅通，各管路系统应不堵、不漏、不串。

（5）严格按规定喷射和提升，如有异常应将喷射灌浆装置下落到原位置，重新喷射。

（6）施工完毕后，所有机具设备应立即清洗干净。筑造防渗板墙时，冒出地面的浆液经水沉淀处理后，可重复使用。

（7）喷射灌浆终了后，顶部出现稀浆层、凹槽、凹穴时，可将灌浆软管下至孔口以下2～3m处，用灌浆压力为0.2～0.3MPa、比重为1.7～1.8的水泥浆液，由下而上进行二次灌浆。

（8）在喷射过程中，应随时进行监测，并记录有关施工参数。可采用钻孔取芯、试坑等方法，检查灌浆体的深度、直径（厚度）、抗压强度、抗渗性能及板墙接缝等。

97

任务 6.4 水闸主体工程施工

问题思考： 1. 水闸主体施工有哪些方法？

2. 水闸施工有何特点？

3. 水闸施工程序是怎样的？

工作任务： 根据设计资料，完成水闸主体工程施工方案。

考核要点： 混凝土施工方法步骤；底板施工方法；闸墩和胸墙施工方法；学习态度及团队协作能力。

6.4.1 水闸施工内容

一般水闸主体工程施工内容有混凝土工程、砌石工程、回填土工程、闸门和启闭机安装等。

一般水闸的闸室多为混凝土及钢筋混凝土工程，其施工内容一般可以分为以下几部分：

(1) 导流工程与基坑排水。

(2) 基坑开挖与基础处理。

(3) 闸室段的底板、闸墩、边墩、胸墙、交通桥及工作桥施工。

(4) 上、下游连接段的铺盖，护坦、海漫及防冲槽施工。

(5) 两岸的上、下游翼墙，刺墙，上、下游护坡的施工。

(6) 闸门及启闭设备的安装。

水闸混凝土通常由结构缝（包括沉陷缝与温度缝）将其分为许多结构块。为了施工方便，确保混凝土的浇筑质量，当结构块较大时，须用施工缝将大的结构块分为若干小的浇筑块，称为筑块。筑块的大小必须根据混凝土的生产能力、运输浇筑能力等，对筑块的体积、面积和高度等进行控制。

6.4.2 水闸混凝土浇筑顺序

混凝土浇筑是水闸施工中的主要环节，各部分的施工次序应遵守以下原则：

◉6.4.2

(1) 先深后浅，即先浇深基础，后浇浅基础，以免浅基土体受扰动破坏，并减轻排水工作难度。

(2) 先重后轻，即先浇荷载较大部分，待其完成部分沉陷后，再浇筑与其相邻的荷载较小部分，以减少两者间的沉陷差。

(3) 先高后低，即某些高度较大要分几次浇筑的部位或有上层建筑物的部位应先行浇筑。如底板与闸墩应尽量先安排浇筑，以便上部桥梁与启闭设备安装，而翼墙、消力池则可安排稍后施工。

(4) 先主后次，即次要服从主要，次要是指那些工程部位不论排前或排后对其他部位的进度和工程质量并无影响或影响甚微，要服从主要项目的进展穿插其间施工。

6.4.3 水闸混凝土分缝与分块

1. 筑块的面积

筑块的面积应能保证在混凝土浇筑中不发生冷缝，筑块的面积应满足

⊙6.4.3

$$A \leqslant \frac{Q_c K (t_2 - t_1)}{h} (\text{m}^2) \qquad (6.3)$$

式中　Q_c——混凝土拌和站的实用生产率，m^3/h；

　　　K——时间利用系数，可取 0.80~0.85；

　　　t_2——混凝土的初凝时间，h；

　　　t_1——混凝土的运输、浇筑所占的时间，h；

　　　h——混凝土铺料厚度，m。

当采用斜层浇筑法时，筑块的面积可以不受限制。

2. 筑块的体积

筑块的体积不应大于混凝土拌和站的实际生产能力（当混凝土浇筑工作采用昼夜三班连续作业时，不受此限制），则筑块的体积应满足

$$V \leqslant Q_c m (\text{m}^3) \qquad (6.4)$$

式中　m——按一班或二班制施工时，拌和站连续生产的时间，h。

3. 筑块的高度

筑块的高度一般根据立模条件确定，目前 8m 高的闸墩可以一次立模浇筑到顶。施工中如果不采用三班制作业时，还要受到混凝土在相应时间内的生产量限制，则筑块的高度应满足

$$H \leqslant \frac{Q_c m}{A} (\text{m}) \qquad (6.5)$$

水闸混凝土筑块划分时，除了应满足上述条件外，还应考虑如下原则：

（1）筑块的数量不宜过多，应尽可能少一些，以利于确保混凝土的质量和加快施工速度。

（2）在划分筑块时，要考虑施工缝的位置。施工缝的位置和形式应在无害于结构的强度及外观的原则下设置。

（3）施工缝的设置还要有利于组织施工。如闸墩与底板从结构上是一个整体，但在底板施工之前，难以进行闸墩的扎筋、立模等工作，因此，闸墩与底板的接合处往往要留设施工缝。

（4）施工缝的处理按混凝土的硬化程度，采用凿毛、冲毛或刷毛等方法清除老混凝土表层的水泥浆薄膜和松软层，并冲洗干净，排除积水后，方可进行上层混凝土浇筑的准备工作；临浇筑前水平缝应铺一层 1~2cm 的水泥砂浆，垂直缝应刷一层净水泥浆，其水灰比应较混凝土减少 0.03~0.05；新老混凝土接合面的混凝土应细致捣实。

6.4.4 底板施工

1. 平底板施工

（1）底板模板与脚手架安装。在基坑内距模板 1.5~2m 处埋设地龙木，在外侧用木桩固定，作为模板斜撑。沿底板样桩拉出的铅丝线位置立上模板，随即安放底脚围图，并

用搭头板将每块模板临时固定（图 6.4）。经检查校正模板位置，水平、垂直无误后，用平撑固定底脚围图，再立第二层模板。在两层模板的接缝处，外侧安设横围图，再沿横围图撑上斜撑，一端与地龙木固定。斜撑与地面夹角要小于 45°。经仔细校正底部模板的平面位置和高程无误后，最后固定斜撑。对横围图与模板接合不紧密处，可用木楔塞紧，防止模板走动。

若采用满堂红脚手，在搭设脚手架前，应根据需要预制混凝土柱（断面约为 15cm × 15cm 的方形），表面凿毛。搭设脚手时，先在筑块的模板范围内竖立混凝土柱，然后在柱顶上安设立柱、斜撑、横梁等。混凝土柱间距视脚手架横梁的跨度而定，一般为 2～3m，柱顶高程应低于闸底板表面，当底板浇筑接近完成时，可将脚手架拆除，并立即把混凝土表面抹平，混凝土柱则埋入筑块内。

（2）底板混凝土浇筑。对于平原地基上的水闸，在基坑开挖以后，一般要进行垫层铺筑，以方便在其上浇筑混凝土。浇筑底板时运送混凝土入仓的方法较多，可以用吊罐入仓，此法不需在仓面搭设脚手架。采用满堂红脚手，可以通过架子车或翻斗车等运输工具运送混凝土入仓。

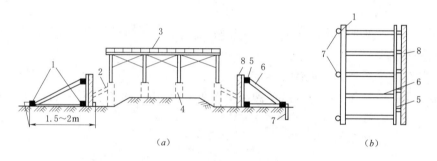

图 6.4　底板立模与仓面脚手

（a）剖面图；（b）模板平面

1—地龙木；2—内撑；3—仓面脚手；4—混凝土柱；5—横围图；6—斜撑；7—木桩；8—模板

当底板厚度不大，由于拌和站生产能力限制，混凝土浇筑可采用斜层浇筑法，一般均先浇上、下游齿墙，然后再从一端向另一端浇筑。

当底板顺水流长度在 12m 以内时，通常采用连坯滚法浇筑，安排两个作业组分层浇筑，首先两个作业组同时浇筑下游齿墙，待浇筑平后，将第二组调至上游浇筑上游齿墙，第一组则从下游向上游浇筑第一坯混凝土，当浇到底板中间时，第二组将上游齿墙基本浇平，并立即自下游向上游浇筑第二坯混凝土，当第一组浇到上游底板边缘时，第二组将第二坯浇到底板中间，此时第一组再转入第三坯，如此连续进行。这样可缩短每坯时间间隔，从而避免了冷缝的发生，提高混凝土质量，加快施工进度。

为了节约水泥，底板混凝土中可适当埋入一些块石，受拉区混凝土中不宜埋块石。块石要新鲜坚硬，尺寸以 30～40cm 为宜，最大尺寸不得大于浇筑块最小尺寸的 1/4，长条或片状块石不宜采用。块石在入仓前要冲洗干净，均匀地安放在新浇的混凝土上，不得抛扔，也不得在已初凝的混凝土层上安放。块石要避免触及钢筋，与模板的距离不小于 30cm。块石间距最好不小于混凝土骨料最大粒径的 2.5 倍，以不影响混凝土振捣为宜。

埋石方法是在已振捣过的混凝土层上安放一层块石,然后在块石间的空隙中灌入混凝土并加振捣,最后再浇筑上层混凝土把块石盖住,并进行第二次振捣,分层铺筑两次振捣,能保证埋石混凝土的质量。混凝土骨料最大粒径为 8cm 时,埋石率可达 8%~15%。为改善埋块石混凝土的和易性,可适当提高坍落度或掺加适量的塑化剂。

2. 反拱底板的施工

(1)施工程序。考虑地基的不均匀沉陷对反拱底板影响,通常采用以下两种施工程序。

1)先浇闸墩及岸墙,后浇反拱底板。为了减少水闸各部分在自重作用下的不均匀沉陷,可将自重较大的闸墩、岸墙等先行浇筑,并在控制基底不致产生塑性开展的条件下,尽快均衡上升到顶。对于岸墙还应考虑尽量将墙后还土夯填到顶。这样,使闸墩岸墙预压沉实,然后再浇反拱底板,从而底板的受力状态得到改善。此法目前采用较多,对于黏性土或砂性土均可采用。但对于砂土,特别是粉砂地基,由于土模较难成型,适宜于较平坦的矢跨比。

2)反拱底板与闸墩岸墙底板同时浇筑。此法适用于地基条件较好的水闸,对于反拱底板的受力状态较为不利,但保证了建筑物的整体性,同时减少了施工工序。

(2)施工技术要点。

1)反拱底板一般采用土模,因此必须做好排水工作。尤其是砂土地基,不做好排水工作,拱模控制将很困难。

2)挖模前必须将基土夯实,放样时应严格控制曲线。土模挖出后,应先铺一层 10cm 厚的砂浆,待其具有一定强度后加盖保护,以待浇筑混凝土。

3)采用先浇闸墩及岸墙,后浇反拱底板,在浇筑岸墙、墩墙底板时,应将接缝钢筋一头埋在岸墙、墩墙底板之内,另一头插入土模中,以备下一阶段浇入反拱底板。岸墙、墩墙浇筑完毕后,应尽量推迟底板的浇筑,以便岸墙、墩墙基础有更多的时间沉陷。为了减小混凝土的温度收缩应力,底板混凝土浇筑应尽量选择在低温季节进行,并注意施工缝的处理。

4)采用反拱底板与闸墩岸墙底板同时浇筑,为了减少不均匀沉降对整体浇筑的反拱底板的不利影响,可在拱脚处预留一缝,缝底设临时铁皮止水,缝顶设"假铰",待大部分上部结构荷载施加以后,便在低温期浇二期混凝土。

5)在拱腔内浇筑门槛时,需在底板留槽浇筑二期混凝土,且不应使两者成为一个整体。

6.4.5 闸墩与胸墙施工

1. 闸墩施工

(1)闸墩模板安装。

1)"对销螺栓、铁板螺栓、对拉撑木"支模法。闸墩高度大、厚度薄、钢筋稠密、预埋件多、工作面狭窄,因而闸墩施工具有施工不便、模板易变形等特点。可以先绑扎钢筋,也可以先立模板。闸墩立模一要保证闸墩的厚度,二要保证闸墩的垂直度,立模应先立墩侧的平面模板,然后架立墩头曲面模板。

▶6.4.5

单墩浇筑,一般多采用对销螺栓固定模板,斜撑和缆风绳固定整个闸墩模板;多墩同时浇筑,则采用对销螺栓、铁板螺栓、对拉撑木固定,如图 6.5(a)所示。对销螺栓为

$\phi 12 \sim 19\text{mm}$ 的圆钢，长度略大于闸墩厚度，两端套丝。铁板螺栓为一端套丝，另一端焊接钻有两个孔眼的扁铁。为了立模时方便穿入螺栓，模板外的横向和纵向围图均可采用双夹围图，如图 6.5（b）所示。对销螺栓与铁板螺栓应相间放置，对销螺栓与毛竹管或混凝土空心管的作用主要是保证闸墩的厚度；铁板螺栓和对拉撑木的作用主要是保证闸墩的垂直度。调整对拉撑木与纵向围图间的木楔块，可以使闸墩模板左右移动，当模板位置调整好后，即可在铁板螺栓的两个孔中钉入马钉。另外，再绑扎纵、横撑杆和剪刀撑，模板的位置就可以全部固定，如图 6.6 所示。注意脚手架与模板支撑系统不能相连，以免脚手架变位影响模板位置的准确性。然后安装墩头模板，如图 6.7 所示。

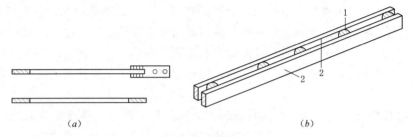

（a）　　　　　　　　　　　　　　　　（b）

图 6.5　对销螺栓及双夹围图
（a）对销螺栓和铁板螺栓；（b）双夹围图
1—每隔 1m 一块的 2.5cm 厚小木板；2—5cm×15cm 的木板

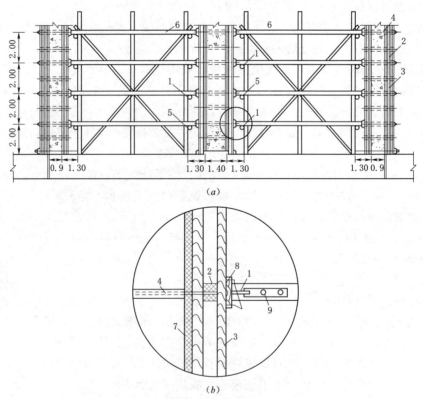

图 6.6　铁板螺栓对拉撑木支撑的闸墩模板（单位：m）
1—铁板螺栓；2—双夹围图；3—纵向围图；4—毛竹管；5—马钉；
6—对拉撑木；7—模板；8—木楔块；9—螺栓孔

2）钢组合模板翻模法。钢组合模板在闸墩施工中应用广泛，常采用翻模法施工。立模时一次至少立 3 层，当第二层模板内混凝土浇至腰箍下缘时，第一层模板内腰箍以下部分的混凝土须达到脱模强度（以 98kPa 为宜），这样便可拆掉第一层模板，用于第四层支模，并绑扎钢筋。依次类推，以避免产生冷缝，保持混凝土浇筑的连续性。具体组装如图 6.8 所示。

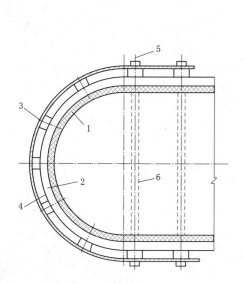

图 6.7 闸墩圆头模板

1—面板；2—板带；3—垂直围图；

4—钢环；5—螺栓；6—撑管

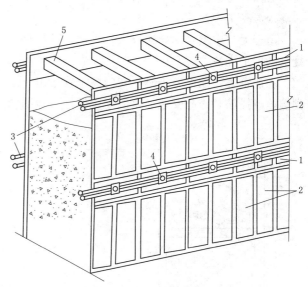

图 6.8 钢模组装

1—腰箍模板；2—定型钢板；3—双夹围图（钢管）；

4—对销螺栓；5—水泥撑木

（2）闸墩混凝土浇筑。闸墩模板立好后，随即进行清仓工作。用压力水冲洗模板内侧和闸墩底面。污水由底层模板上的预留孔排出。清仓完毕堵塞小孔后，即可进行混凝土浇筑。闸墩混凝土一般采用溜管进料，溜管间距为 2～4m，溜管底距混凝土面的高度应不大于 2m。施工中应注意控制混凝土面上升速度，以免产生跑模现象。

由于仓内工作面窄，浇捣人员走动困难，可把仓内浇筑面划分成几个区段，每区段内固定浇捣工人，这样可提高工效。每坯混凝土厚度可控制在 30cm 左右。

2. 胸墙施工

胸墙施工在闸墩浇筑后工作桥浇筑前进行，全部重量由底梁及下面的顶撑承受。下梁下面立两排排架式立柱，以顶托底板。立好下梁底板并固定后，立圆角板再立下游面板，然后吊线控制垂直。接着安放围图及撑木，使临时固定在下游立柱上，待下梁及墙身扎铁后再由下而上立上游面模板，再立下游面模板及顶梁。模板用围图和对销螺栓与支撑脚手相连接。

胸墙多属板梁式简支薄壁构件，故在闸墩立胸墙槽模板时，先要做好接缝的沥青填料，使胸墙与闸墩分开，保持简支。其次在立模时，先立外侧模板，等钢筋安装后再立内侧模板，而梁的面层模板应留有浇筑混凝土的洞口，当梁浇好后再封闭。最后，胸墙底关系到闸门顶止水，所以止水设备安装要特别注意。

6.4.6　闸门槽施工

采用平面闸门的中小型水闸，在闸墩部位都设有门槽。为了减小启闭门力及闸门封水，门槽部分的混凝土中需埋设导轨等铁件，如滑动导轨，主轮、侧轮及反轮导轨，止水座等。这些铁件的埋设可采取预埋及留槽后浇两种办法。小型水闸的导轨铁件较小，可在闸墩立模时将其预先固定在模板的内侧，如图 6.9 所示。闸墩混凝土浇筑时，导轨等铁件即浇入混凝土中。

由于大、中型水闸导轨较大、较重，在模板上固定较为困难，宜采用预留槽浇二期混凝土的施工方法。

在浇筑第一期混凝土时，在门槽位置留出一个较门槽宽的槽位，并在槽内预埋一些开脚螺栓或插筋，作为安装导轨的固定埋件，如图 6.10 所示。

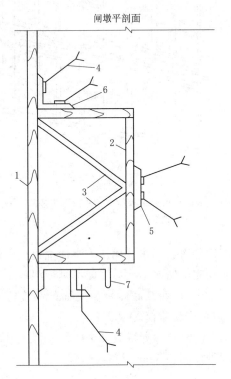

图 6.9　导轨预先埋设方式

1—闸墩模板；2—门槽模板；3—撑头；4—开脚螺栓；
5—侧导轨；6—门槽角铁；7—滚轮导轨

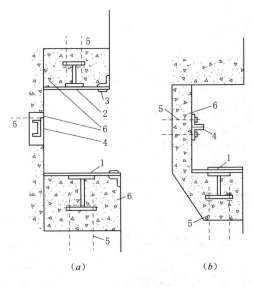

（a）　　　　　　　　（b）

图 6.10　平面闸门槽的二期混凝土

（a）平面滚轮闸门门槽；（b）平面滑动闸门门槽

1—主轮或滑动导轨；2—反轮导轨；3—侧水封座；
4—侧导轨；5—预埋螺栓；6—二期混凝土

一期混凝土达到一定强度后，需用凿毛的方法对施工缝认真处理，以确保二期混凝土与一期混凝土的结合。

安装直升闸门的导轨之前，要对基础螺栓进行校正，再将导轨初步固定在预埋螺栓或钢筋上，然后利用垂球逐点校正，使其铅直无误，最终固定并安装模板。模板安装应随混凝土浇筑逐步进行。

弧形闸门的导轨安装，需在预留槽两侧先设立垂直闸墩侧面并能控制导轨安装垂直度的若干对称控制点。再将校正好的导轨分段与预埋的钢筋临时点焊接点数，待按设计坐标位置逐一校正无误，并根据垂直平面控制点，用样尺检验调整导轨垂直度后，再电焊牢固，如图 6.11 所示。

导轨就位后即可立模浇筑二期混凝土。浇筑二期混凝土时，应采用较细骨料混凝土，并细心捣固，不要振动已装好的金属构件。门槽较高时，不要直接从高处下料，可以分段安装和浇筑。二期混凝土拆模后，应对埋件进行复测，并做好记录，同时检查混凝土表面尺寸，清除遗留的杂物、钢筋头，以免影响闸门启闭。

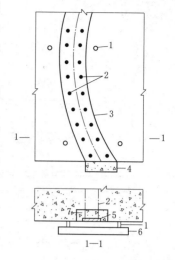

图 6.11　弧形闸门侧轨安装
1—垂直平面控制点；2—预埋钢筋；
3—预留槽；4—底槛；5—侧轨；
6—样尺；7—二期混凝土

6.4.7　接缝及止水施工

为了适应地基的不均匀沉降和伸缩变形，在水闸设计中均设置温度缝与沉陷缝，并常有沉陷缝兼作温度缝使用。缝有铅直和水平两种，缝宽一般为 2～3cm，缝内应填充材料并设置止水设备。

1. 填料施工

填充材料常用的有沥青油毛毡、沥青杉木板及沥青芦席等。其安装方法有以下两种：

（1）将填充材料用铁钉固定在模板内侧，铁钉不能完全钉入，至少要留有 1/3，再浇混凝土，拆模后填充材料即可贴在混凝土上。

（2）先在缝的一侧立模浇混凝土并在模板内侧预先钉好安装填充材料的铁钉数排，并使铁钉的 1/3 留在混凝土外面，然后安装填料、敲弯钉尖，使填料固定在混凝土面上。

缝墩处的填缝材料，可借固定模板用的预制混凝土块和对销螺栓夹紧，使填充材料竖立平直。

2. 止水施工

凡是位于防渗范围内的缝，都要有止水设施。止水设施分垂直止水和水平止水两种。水闸的水平止水大多采用塑料止水带或橡胶止水带，如图 6.12 所示，其安装与沉陷缝填料的安装方法一样，也有两种，具体如图 6.13 所示。

浇筑混凝土时水平止水片的下部往往是薄弱环节，应注意铺料并加强振捣，以防形成空洞。

垂直止水可以用止水带或止水铜片，常用沥青井加止水片的形式，其施工的方法如图 6.14 和图 6.15 所示。

6.4.8　铺盖与反滤层施工

1. 铺盖施工

钢筋混凝土铺盖应分块间隔浇筑。在荷载相差过大的邻近部位，应待沉降基本稳定后，再浇筑交接处的分块或预留的二次浇筑带。在混凝土铺盖上行驶的重型机械或堆放的重物，必须经过验算。

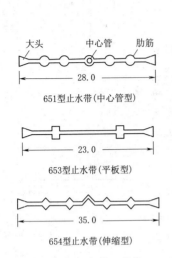

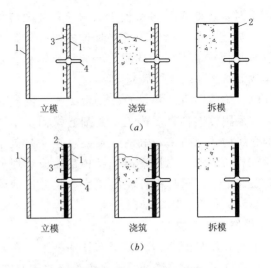

图 6.12 塑料止水带（单位：cm）

图 6.13 水平止水安装示意

（a）先浇混凝土后装填料；（b）线状填料后浇混凝土

1—模板；2—填料；3—铁钉；4—止水带

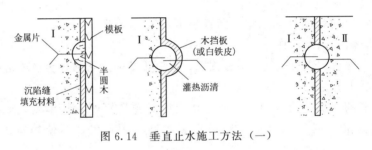

图 6.14 垂直止水施工方法（一）

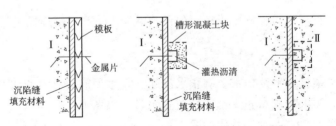

图 6.15 垂直止水施工方法（二）

黏土铺盖填筑时，应尽量减少施工接缝。如分段填筑，其接缝的坡度不应陡于1:3；填筑达到高程后，应立即保护，防止晒裂或受冻；填筑到止水设施时，应认真做好止水，防止止水遭受破坏。

高分子材料组合层或橡胶布作防渗铺盖施工时，应防止沾染油污；铺设要平整，及时覆盖，避免长时间日晒；接缝黏结应紧密牢固，并应有一定的叠合段和搭接长度。

2. 反滤层施工

填筑砂石反滤层应在地基检验合格后进行，反滤层厚度、滤料的粒径、级配和含泥量等均应符合要求；反滤层与护坦混凝土或浆砌石的交界面应加以隔离（多用油毡），防止砂浆流入。

铺筑砂石反滤层时，应使滤料处于湿润状态，以免颗粒分离，并防止杂物或不同规格的料物混入；相邻层面必须拍打平整，保证层次清楚，互不混杂；每层厚度不得小于设计厚度的85%；分段铺筑时，应将接头处各层铺成阶梯状，防止层间错位、间断、混杂。

铺筑土工织物反滤层应平整、松紧度均匀，端部应锚固牢固；连接可用搭接、缝接，搭接长度根据受力和地基土的条件而定。

任务6.5 施工进度计划编制

问题思考：1. 什么是横道图？

2. 流水施工应考虑哪些因素？

工作任务：根据设计资料，编制施工进度计划横道图。

考核要点：施工的顺序和进度合理性；横道图绘制；学习态度及团队协作能力。

流水施工是一种比较科学的组织施工方法，可以取得较好的经济效益，因此在工程施工组织中被广泛采用。

6.5.1 流水施工条件及技术经济效果

1. 组织流水施工的条件

（1）划分分部分项工程。对一项工程要组织流水施工，首先应根据工程特点及施工要求，将拟建工程划分为若干个分部分项工程。

注意：在划分分项工程时，并不是所有施工工序都要列项，进行进度安排，应根据实际情况对进度的要求，确定粗细程度，适当合并项目。

（2）划分施工段。划分施工段是为成批生产创造条件，任何施工过程如果只有一个施工段，则不存在流水施工。

组织流水时，根据工程实际情况，将施工对象在平面上或空间上划分为工程量大致相等的若干个施工部分，即施工段。

（3）每个施工过程组织独立的施工班组。为了很好地组织流水，尽可能对每个施工过程组织独立施工班组，其形式可以是专业班组，也可以为混合班组。

2. 技术经济效果

（1）不仅提高了工人的技术水平和熟练程度，还有利于提高企业管理水平和经济效益。

（2）流水施工能够最大限度地利用工作面，因此在不增加施工人数的基础上，合理地缩短了工期。

（3）流水施工既有利于机械设备的充分利用，又有利于物资资源的均衡利用，便于施工现场的管理。

（4）流水施工工期较为合理。

6.5.2 流水施工分类

1. 按流水施工的组织范围分类

（1）细部流水（分项工程流水）。细部流水是指对某一分项工程组织的流水施工。

（2）专业流水（分部工程流水）。专业流水的编制对象是一个分部工程，它是该分部工程中各细部流水的工艺组合，是组织项目流水的基础。

（3）项目流水（单位工程流水）。项目流水是组织一个单位工程的流水施工，它以各分部工程的流水为基础，是各分部工程流水的组合，如土建单位工程流水。

（4）综合流水（建筑群的流水）。综合流水是指组织多幢房屋或构筑物的大流水施工，是一个控制型的流水施工的组织方式。

2．按施工过程的分解程度分类

（1）彻底分解流水。彻底分解流水是指将工程对象的某一分部工程分解成若干个施工过程，且每一个施工过程均为单一工种完成的施工过程，即该过程已不能再分解，如支模。

（2）局部分解流水。局部分解流水指将工程对象的某一分部工程根据实际情况进行划分，有的过程已彻底分解，有的过程则不彻底分解；而不彻底分解的施工过程是由混合的施工班组来完成的，如钢筋混凝土工程。

3．按流水施工的节奏特征分类

（1）有节奏流水。有节奏流水是指同一施工过程在各施工段上的流水节拍都相等的一种流水施工方式。有节奏流水又根据不同施工过程之间的流水节拍是否相等，分为等节奏流水和异节奏流水两大类型。

（2）无节奏流水。无节奏流水是指同一施工过程在各施工段上的流水节拍不完全相等的一种流水施工方式。

6.5.3　流水施工表达形式

流水施工常见的图形表达形式为水平指示图，人们习惯将水平指示图表直接称为横道图。

图 6.16 的水平指示图表中，是在其左边垂直方向列出各施工过程的名称，右边用水平线段表示施工的进度；各个水平线段的左边端点表示工作开始施工的瞬间，水平线段的右边端点表示工作在该施工段上结束的瞬间，水平线段的长度代表该工作在该施工段上的持续时间。

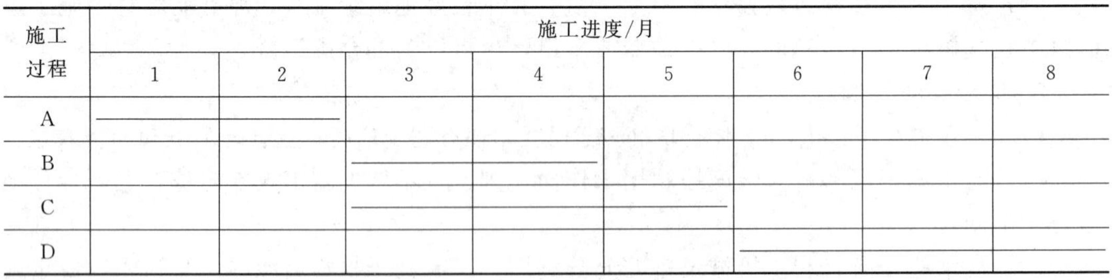

施工过程	施工进度/月							
	1	2	3	4	5	6	7	8
A	——	——						
B		——	——					
C			——	——	——			
D						——	——	——

图 6.16　横道图

项目7 水闸运行管理

【知识目标】

1. 了解水闸运行管理的原则。

2. 掌握水闸管理的内容。

3. 掌握水闸常见险情的处理方法。

【能力目标】

1. 能进行水闸日常观测和检查。

2. 会进行水闸的维修和养护。

3. 能处理水闸的常见险情。

任务7.1 水闸的控制运用

问题思考：1. 水闸操作运用的原则是什么？

2. 闸门启闭前需要考虑哪些因素？做哪些工作？

工作任务：根据设计资料，掌握闸门启闭的原则，控制闸门启闭。

考核要点：闸门启闭的准备工作；闸门操作要求；启闭机操作要点；学习态度及团队协作能力。

7.1.1 闸门的操作运用原则

（1）按照有关规定和协议合理运用；综合利用水资源；局部服从全局，全局照顾局部，兴利服从防洪、统筹兼顾；与上、下游和相邻有关工程密切配合运用。

（2）工作闸门可以在动水情况下启闭；检修闸门一般在静水情况下启闭；船闸的工作闸门应在静水情况下启闭。

7.1.2 闸门启闭前的准备工作

（1）严格执行启闭制度。管理机构对闸门的启闭，应严格按照控制运用计划及负责指挥运用的上级主管部门的指示执行。对上级主管部门的指示，管理机构应详细记录，并由技术负责人确定闸门的运用方式和启闭次序，按规定程序下达执行。操作人员接到启闭闸门的任务后，应迅速做好各项准备工作。当闸门的开度较大，其泄流或水位变化对上下游有危害或影响时，必须预先通知有关单位，做好准备，以免造成不必要的损失。

（2）认真进行检查工作。闸门的检查：闸门的开度是否在原定位置；闸门的周围有无漂浮物卡阻，门体有无歪斜，门槽是否堵塞；冰冻地区，冬季启闭闸门前还应注意检查闸门的活动部分有无冻结现象。

启闭设备的检查：启闭闸门的电源或动力有无故障；电动机是否正常，相序是否正确；机电安全保护设施、仪表是否完好；机电转动设备的润滑油是否充足，特别注意高速部位（如变速箱等）的油量是否符合规定要求；牵引设备是否正常。如钢丝绳有无锈蚀、断丝，螺杆等有无弯曲变形，吊点结合是否牢固；液压启闭机的油泵、阀、滤油器是否正常，油箱的油量是否充足，管道、油缸是否漏油。

其他方面的检查：上下游有无船只、漂浮物或其他障碍物影响行水等情况；观测上下游水位、流量、流态。

7.1.3　闸门的操作运用

（1）工作闸门的操作。闸门操作运用的基本要求：过闸流量必须与下游水位相适应，使水跃发生在消力池内。可根据实测的闸下水位-安全流量关系图表进行操作；过闸水流应平衡，避免发生集中水流、折冲水流、回流、漩涡等不良流态；关闸或减少过闸流量时，应避免下游河道水位降落过快；避免闸门停留在发生振动的位置运用。

（2）多孔水闸的闸门操作运用应符合：①多孔水闸闸门应按设计提供的启闭程序或管理运用经验进行操作运行，一般应同时分级均匀启闭，不能同时启闭的，应由中间孔向两边依次对称开启，由两边向中间依次对称关闭；②多孔挡潮闸闸下河道淤积严重时，可开启单孔或少数孔闸门进行适度冲淤，但必须加强监视，严防消能防冲设施遭受损坏；③双层孔口或上、下扉布置的闸门，应先开启底层或下扉的闸门，再开启上层或上扉的闸门，关闭时顺序相反。

（3）涵洞式水闸的闸门操作：应避免洞内长时间处于明满流交替状态。

7.1.4　启闭机的操作

（1）电动及手、电两用卷扬式、螺杆式启闭机的操作。

1）电动启闭机的操作程序，凡有锁定装置的，应先打开锁定装置，后合电器开关。当闸门运行到预定位置后，及时断开电器开关，装好锁锭，切断电源。

2）人工操作手、电两用启闭机时，应先切断电源，合上离合器，方能操作。如使用电动时，应先取下摇柄，拉开离合器后，才能按电动操作程序进行。

（2）液压启闭机操作。

1）打开有关阀门，并将换向阀扳至所需位置。

2）打开锁定装置，合上电器开关，启动油泵。

3）逐渐关闭回油控制阀升压，开始运行闸门。

4）在运行中若需改变闸门运行方向，应先打开回油控制阀至极限，然后扳动换向阀换向。

5）停机前，应先逐步打开回油阀，当闸门达到上、下极限位置，而压力再升时，应立即将回油控制阀升至极限位置。

6）停机后，应将换向阀扳至停止位置，关闭所有阀门，锁好锁锭，切断电源。

7.1.5　水闸操作运用应注意的事项

（1）在操作过程中，不论是摇控、集中控制或机旁控制，均应有专人在机旁和控制室进行监护。

（2）启动后应注意：启闭机是否按要求的方向动作，电器、油压、机械设备的运用是否良好；开度指示器及各种仪表所示的位置是否准确；用两部启闭机控制一个闸门的是否同步启闭。若发现当启闭力达到要求，而闸门仍固定不动或发生其他异常现象时，应立即停机检查处理，不得强行启闭。

（3）闸门应避免停留在容易发生振动的开度上。如闸门或启闭机发生不正常的振动、声响等，应立即停机检查。消除不正常现象后，再行启闭。

（4）使用卷扬式启闭机关闭闸门时，不得在无电的情况下，单独松开制动器降落闸门（设有离心装置的除外）。

（5）当开启闸门接近最大开度或关闭闸门接近闸底时，应注意闸门指示器或标志，应停机时要及时停机，以避免启闭机械损坏。

（6）在冰冻时期，如要开启闸门，应将闸门附近的冰破碎或融化后，再开启闸门。在解冻流冰时期泄水时，应将闸门全部提出水面，或控制小开度放水，以避免流冰撞击闸门。

（7）闸门启闭完毕后，应校核闸门的开度。

任务 7.2 水闸的检查

问题思考： 1. 水闸检查包括哪些内容？

　　　　　　2. 闸门启闭前需要考虑哪些因素？做哪些工作？

工作任务： 掌握水闸检查的内容和要求。

考核要点： 经常性检查及定期检查的内容和频率；安全鉴定的要求；学习态度及团队协作能力。

水闸检查工作，应包括经常检查、定期检查、特别检查和安全鉴定。

7.2.1 经常检查

水闸管理单位应经常对建筑物各部位、闸门、启闭机、机电设备、通信设施，管理范围内的河道、堤防、拦河坝和水流形态等进行检查。检查周期，每月不得少于一次。当水闸遭受到不利因素影响时，对容易发生问题的部位应加强检查观察。

7.2.2 定期检查

每年汛前、汛后或用水期前后，应对水闸各部位及各项设施进行全面检查。汛前着重检查岁修工程完成情况，度汛存在问题及措施；汛后着重检查工程变化和损坏情况，据以制订岁修工程计划。冰冻期间，还应检查防冻措施落实及其效果等。

经常检查和定期检查应包括以下内容：

（1）管理范围内有无违章建筑和危害工程安全的活动，环境应保持整洁美观。

（2）土工建筑物有无雨淋沟、塌陷、裂缝、渗漏、滑坡和白蚁、害兽等；排水系统、导渗及减压设施有无损坏、堵塞、失效；堤闸连接段有无渗漏等迹象。

（3）石工建筑物块石护坡有无塌陷、松动、隆起、底部淘空、垫层散失；墩、墙有无倾斜、滑动、勾缝脱落；排水设施有无堵塞、损坏等现象。

（4）混凝土建筑物（含钢丝网水泥板）有无裂缝、腐蚀、磨损、剥蚀、露筋（网）及钢筋锈蚀等情况；伸缩缝止水有无损坏、漏水及填充物流失等情况。

（5）水下工程有无冲刷破坏；消力池、门槽内有无砂石堆积；伸缩缝止水有无损坏；门槽、门槛的预埋件有无损坏；上、下游引河有无淤积、冲刷等情况。

（6）闸门有无表面涂层剥落、门体变形、锈蚀、焊缝开裂或螺栓、铆钉松动；支承行走机构是否运转灵活；止水装置是否完好等。

（7）启闭机械是否运转灵活、制动准确，有无腐蚀和异常声响；钢丝绳有无断丝、磨损、锈蚀，接头不牢、变形；零部件有无缺损、裂纹、磨损及螺杆有无弯曲变形；油路是否通畅，油量、油质是否合乎规定要求等。

（8）机电设备及防雷设施的设备、线路是否正常，接头是否牢固，安全保护装置是否动作准确可靠，指示仪表是否指示正确、接地可靠，绝缘电阻值是否合乎规定，防雷设施是否安全可靠，备用电源是否完好可靠。

（9）水流形态，应注意观察水流是否平顺，水跃是否发生在消力池内，有无折冲水流、回流、漩涡等不良流态；引河水质有无污染。

（10）照明、通信、安全防护设施及信号、标志是否完好。

7.2.3　特别检查

当水闸遭受特大洪水、风暴潮地震和发生重大工程事故时，必须及时对工程进行特别检查。

7.2.4　安全鉴定

水闸投入运用后，每隔15～20年应进行一次全面的安全鉴定；当工程达折旧年限时，亦应进行一次；对存在安全问题的单项工程和易受腐蚀损坏的结构设备，应根据情况适时进行安全鉴定。安全鉴定工作由管理单位报请上级主管部门负责组织实施。

安全鉴定应包括以下内容：

（1）在历年检测的基础上，通过先进的检测手段，对水闸主体结构、闸门、启闭机等进行专项检测。内容包括：水闸的材料、应力、变形、探伤情况、闸门启闭力检测和启闭机能力考核等厂查出工程中存在的隐患，求得有关技术参数。

（2）根据检测成果，结合运用情况，对水闸的稳定、消能防冲、防渗、构件强度、混凝土耐久性能和启闭能力等进行安全复核。

（3）根据安全复核结果，进行研究分析，做出综合评估，提出改善运用方式、进行技术改造、加固补强、设备更新等方面的意见。

定期检查、特别检查、安全鉴定结束后，应根据成果做出检查、鉴定报告，报上级主管部门。大型水闸的特别检查及安全鉴定报告还应报流域机构和水利部。

任务 7.3　水 闸 的 观 测

问题思考： 1. 水闸观测的目的是什么？

2. 水闸观测包括哪些内容？

工作任务： 掌握水闸观测的项目和要求，了解水闸观测的仪器设备。

考核要点： 水闸一般性观测的项目和要求；水闸专门性观测的项目和要求；会整理观

测数据；学习态度及团队协作能力。

水闸工程观测是工程管理工作的耳目，是保证工程安全，充分发挥工程效益的一项基本工作。水闸工程应根据工程等级、规模、地质条件等，有针对性地确定工程观测项目，设置相应的观测设施。

水闸工程观测的目的是掌握水闸状态变化和工作情况，保证工程安全；检验设计的正确性；积累资料，提高设计和管理水平。

水闸的观测设计内容应包括设置观测项目、布置观测设施、拟定观测方法及提出整理分析观测资料的技术要求。

7.3.1　水闸工程一般性观测项目

水闸工程观测项目分为一般性观测项目和专门性观测项目。其中一般性观测项目指常规观测项目，是工程施工和运用过程中必不可少的，且多数项目是对工程的安全起监督作用的。

水闸工程一般性观测项目有：水位、流量、沉降、扬压力、水流形态、冲刷及淤积。

（1）水位观测。一般在闸的上、下游设自记水位计或水位标尺进行观测，测点应设置在水流平顺、水面平稳、受风浪或泄流影响小的地点。水位标尺或自记水位计的水准基面必须和水闸所采用的水准基面一致。

（2）流量观测。一般通过水位观测，根据水位、流量关系，推求出相应的过闸流量。大型水闸为了校核修正水位、流量关系（或水位、开度、流量关系），应在适宜地段设测流断面，用浮标或流速仪进行流量施测。

（3）沉降观测。一般埋设沉降标点进行观测。沉降标点可布置在闸室和岸墙、翼墙底板的端点和中点。施工期可埋设在底板上，后期引接至上部结构上。工程竣工验收后两年内应每月观测一次，以后可适当减少。经资料分析已趋稳定后，可改为每年汛前、汛后各测一次。当发生地震或超过设计最高水位、最大水位差时，应增加测次。水准基点高程应每五年校测一次，起测基点高程应每年校测一次。沉降观测时，应同时观测上、下游水位，过闸流量及气温等。垂直位移观测应符合现行国家水准测量规范要求，水准测量等级及相应精度应符合表 7.1 的规定。

表 7.1　　　　　　　　　　垂直位移观测水准等级及闭合限差

建筑物类别	水准基点—起测基点		起测基点—垂直位移标点	
	水准等级	闭合差/mm	水准等级	闭合差/mm
大型水闸	一	$\pm 0.3\sqrt{n}$	二	$\pm 0.5\sqrt{n}$
中型水闸	二	$\pm 0.5\sqrt{n}$	三	$\pm 1.4\sqrt{n}$

注　n 为测站数。

（4）闸基扬压力观测。一般埋设测压管或渗压计进行观测。测点数量及位置，应根据水闸结构形式、地下轮廓线形状和基础地质情况等因素确定，并应以能测出基础扬压力的分布和变化为原则，一般布置在地下轮廓线有代表性的转折处。测压断面应不少于两组，每组断面上测点不应少于三个。对于侧向绕流，观测点可根据具体条件进行布置。不受潮汐影响的水闸，在工程竣工放水后两年内应每 5 天观测一次，以后可适当减少，但至少每

10天应观测一次。当接近设计最高水位、最大水位差或发现明显渗透异常时，应增加测次。对于受潮汐影响的水闸，应在每月最高潮位期间选测一次，观测时间以测到潮汐周期内最高和最低潮位及潮位变化中扬压力过程线为准。不受潮汐影响的水闸，测压管灵敏度检查应每五年进行一次。管内水位在下列时间内恢复到接近原来水位的，可认为合格：黏壤土——5d，砂壤土——24h，砂砾料——12h。扬压力观测时必须同时观测上、下游水位，并应注意观测渗透的滞后现象，必要时还应同时进行过闸流量、垂直位移、气温、水温等有关项目的观测。测压管管口高程应按三等水准测量要求每年校测一次，闭合差限差为 $\pm 1.4 \sqrt{n}$ mm（n 为测站数）。当管内淤塞已影响观测时，应立即进行清理。如经灵敏度检查不合格，堵塞、淤积经处理无效，或经资料分析测压管已失效时，宜在该孔附近钻孔重新埋设测压管。

（5）水流形态观测。水流形态观测包括水流平面形态和水跃观测，可根据工程运用方式、水位、流量等组合情况不定期进行。如发现不良水流，应详细记录水流形态，上下游水位及闸门启闭情况，分析其产生的原因。

（6）冲刷及淤积观测。为保证水闸工程安全和正常运用，必须对水闸上、下游淤积和冲刷进行观测，以便制定防止冲、淤措施。引河冲刷或淤积较严重时，应在每年汛前、汛后各观测一次，当泄放大流量或超标准运用、冲刷尚未处理而运用较多时，应增加测次。冲刷、淤积变化较小的工程，可适当延长观测周期。观测范围视可能发生冲刷和淤积的范围确定。一般自水闸上、下游护坦末端起，分别向上、下游延伸相当于河渠宽度 2～3 倍的距离。对冲刷或淤积较严重的工程，可根据具体情况适当延长。断面间距应以能反映引河的冲刷、淤积变化为原则，靠近水闸宜密，离闸较远处可适当放宽。断面位置应在两岸设置固定观测断面桩。测量前应对断面桩桩顶高程按四等水准要求进行考证，闭合差限差为 $\pm 20 \sqrt{K}$ mm（K 为测线长，单位 km，不足 1km 时以 1km 计）。断面测量宜在闸门关闭或泄量较小时进行，并同步观测水位。

7.3.2　水闸工程专门性观测项目

水闸工程应根据具体情况设置专门性观测项目。水闸工程专门性观测项目有：水平位移、伸缩缝、裂缝、结构应力、地基反力、墙后土压力、混凝土碳化和冰凌等。根据水闸工程运行、管理和科研的需要，还可增设其他特殊的观测项目。

（1）水平位移观测。当水闸地基条件差或水闸受力不均匀时，需进行水平位移观测。观测标点应尽可能与沉降观测点设在同一标点桩上。工程竣工验收后两年内应每月观测一次，以后可适当减少。经资料分析已趋稳定后，可改为每年汛前、汛后各测一次。当发生地震或超过设计最高水位、最大水位差时，应增加测次。工作基点在工程竣工后五年内应每年校测一次，以后每五年校测一次。每一测次应观测二测回，每测回包括正、倒镜各照准规标两次并读数两次，取均值作为该测回之观测值。观测精度应符合表 7.2 的规定。

表 7.2　　　　　　　　　　　　　视 准 线 观 测 限 差

方式	正镜或倒镜两次读数差	两测回观测值之差
活动觇牌法	2.0mm	1.5mm
小角法	4.0″	3.0″

（2）伸缩缝观测。当需要了解水闸伸缩变化规律时，应进行伸缩缝观测，一般在伸缩缝的测点处埋设金属标点或差动式电阻测缝计进行观测。观测时间宜选在气温较高和较低时进行，当出现历史最高水位、最大水位差、最高（低）气温或发现伸缩缝异常时，应增加测次。观测标点宜设置在闸身两端边闸墩与岸墙之间、岸墙与翼墙之间建筑物顶部的伸缩缝上。当闸孔数较多时，在中间闸孔伸缩缝上应适当增投标点。观测时应同时观测上下游水位、气温和水温。如发现伸缩缝缝宽上、下差别较大，还应配合进行垂直位移观测。

（3）裂缝观测。当水闸出现裂缝后应进行裂缝观测。经工程检查，对于可能影响结构安全的裂缝，应选择有代表性的位置，设置固定观测标点，每月观测一次。裂缝发展缓慢后，可适当减少测次。在出现最高（低）气温、发生强烈震动、超标准运用或裂缝有显著发展时，均应增加测次。判明裂缝已不再发展后，可停止观测。在进行裂缝观测时应同时观测气温，并了解结构荷载情况。

（4）结构应力观测。对特别重要的水闸，需要了解不同工作条件下结构应力的分布和变化规律，为工程的控制运用、验证设计和科学研究提供资料，可设置结构应力观测项目。其测点布置和观测方法，可根据结构设计和科研的需要确定。

（5）土压力观测。为了验证工程设计和科研的需要，了解地基土和回填土对水闸的作用情况，可设置地基反力和墙背土压力观测项目。

（6）混凝土碳化观测。沿海地区的水闸或附近有污染源的水闸，由于海水或有害物质对水闸混凝土有侵蚀作用，应设置混凝土碳化观测项目。观测时间可视工程检查情况不定期进行。若采取凿孔用酚酞试剂测定，观测结束后应用高标号水泥砂浆封孔。测点可按建筑物不同部位均匀布置，每个部位同一表面不应少于三点。测点宜选在通气、潮湿的部位，但不应选在角、边或外形突变部位。

（7）冰凌观测。寒冷地区的水闸，应对闸前冰凌变化规律和冰压力进行观测，以便采取防冰措施和合理的运用方式，保证建筑物安全。

7.3.3 主要观测仪器设备配备及布置

水闸工程应按表7.3配备必要的观测设备。观测设施的布置应考虑下列要求：全面反映水闸工程工作状态；观测方便、直观；有良好的交通和照明条件；观测装置应有必要的保护设施。

表7.3 水闸工程主要观测设备配备

序号	名称及规格	单位	配 置 数 量		
			1 级	2、3 级	4、5 级
一	测量仪器				
1	经纬仪 J2 2″级	台	1		
	经纬仪 J1 6″级	台		1	1
2	水准仪 S1	台	1		
	水准仪 S3	台		1	1
二	水下测量设备				

序号	名称及规格	单位	配 置 数 量		
			1 级	2、3 级	4、5 级
	测深仪	台	1		
三	水文测量设备				
1	自记水位计	台	2	2	
2	流速仪	台	2	2	1
四	渗透观测设备				
	电测水位器	台	2	1	
五	其他设备				
1	计算机	台	1	1	
2	摄像机	台	1		
3	照相机	台	1	1	1
4	望远镜	台	1	1	1

注 1、2、3 级水闸若其规模为中型，观测设备降低一级配置；若规模为小型，降低二级配置。

7.3.4 观测资料整理与整编

观测结束后，应及时对资料进行整理、计算和校核。

资料整编宜每年进行一次，包括以下内容：

（1）收集观测原始记录与考证资料及平时整理的各种图表等。

（2）对观测成果进行审查复核。

（3）选择有代表性的测点数据或特征数据，填制统计表和曲线图。

（4）分析观测成果的变化规律及趋势，与设计情况比较是否正常，并提出相应的安全措施和必要的操作要求。

（5）编写观测工作说明。

资料整编成果应符合以下要求：

（1）考证清楚、项目齐全、数据可靠、方法合理、图表完整、说明完备。

（2）图形比例尺满足精度要求，图面应线条清晰均匀、注字工整整洁。

（3）表格及文字说明端正整洁，数据上下整齐，无涂改现象。

资料整编成果，应提交上级主管部门审查。水闸管理单位必须对发现的异常现象进行专项分析，必要时可会同科研、设计、施工人员进行专题研究。

任务 7.4 水 闸 的 养 护 和 修 理

问题思考：1. 水闸养护修理工作有哪几类？

2. 不同类型建筑物有哪些养护要求？

工作任务：掌握不同类型建筑物的养护要求和方法。

考核要点：水闸养护工作的分类和要求；不同类型建筑物的养护要求和方法；学习态

度及团队协作能力。

7.4.1　水闸养护修理工作的分类

水闸养护修理工作可分为养护、岁修、抢修和大修。

养护是指对经常检查发现的缺陷和问题，应随时进行保养和局部修补，以保持工程及设备完整清洁，操作灵活。

岁修是指根据汛后全面检查发现的工程损坏和问题，对工程设施进行必要的整修和局部改善。

抢修是指当工程及设备遭受损坏，危及工程安全或影响正常运用时，必须立即采取抢护措施。

大修是指当工程发生较大损坏或设备老化，修复工程量大，技术较复杂，应有计划进行工程整修或设备更新。

7.4.2　养护修理工作的要求

养护修理工作应本着"经常养护、随时维修，养重于修、修重于抢"的原则进行，并应符合下列要求：

（1）岁修、抢修和大修工程，均应以恢复原设计标准或局部改善工程原有结构为原则；在施工过程中应确保工程质量和安全生产。

（2）抢修工程应做到及时、快速、有效，防止险情发展。

（3）岁修、大修工程应按批准的计划施工，影响汛期使用的工程，必须在汛前完成。完工后，应进行技术总结和竣工验收。

（4）养护修理工作应做详细记录。

7.4.3　环境、工程设施保护规定

（1）严禁在水闸管理范围内进行爆破、取土、埋葬、建窑，倾倒和排放有毒或污染的物质等危害工程安全的活动。

（2）按有关规定对管理范围内建筑的生产、生活设施进行安全监督。

（3）禁止超重车辆和无铺垫的铁轮车、履带车通过公路桥。禁止在没有路面的堤（坝）顶上雨天行车。

（4）妥善保护机电设备，水文、通信、观测设施，防止人为毁坏。

（5）严禁在堤（坝）身及挡土墙后填土地区上堆置超重物料。

7.4.4　土工建筑物的养护修理

堤（坝）出现雨淋沟、浪窝、塌陷和岸、翼墙后填土区发生跌塘、下陷时，应随时修补夯实。发生渗漏、管涌现象时，应按照"上截、下排"原则及时进行处理。

堤（坝）发生裂缝时，应针对裂缝特征按照下列规定处理：

（1）干缩裂缝、冰冻裂缝和深度小于 0.5m、宽度小于 5mm 的纵向裂缝，一般可采取封闭缝口处理。

（2）深度不大的表层裂缝，可采用开挖回填处理。

（3）非滑动性的内部深层裂缝，宜采用灌浆处理；对自表层延伸至堤（坝）深部的裂缝，宜采用上部开挖回填与下部灌浆相结合的方法处理。裂缝灌浆宜采用重力或低压灌

浆，并不宜在雨季或高水位时进行。当裂缝出现滑动迹象时，则严禁灌浆。

堤（坝）出现滑坡迹象时，应针对产生原因按"上部减载、下部压重"和"迎水坡防渗、背水坡导渗"等原则进行处理。

堤（坝）遭受白蚁、害兽危害时，应采用毒杀、诱杀、捕杀等办法防治；蚁穴、兽洞可采用灌浆或开挖回填等方法处理。

河床冲刷坑已危及防冲槽或河坡稳定时应即抢护。一般可采用抛石或沉排等方法处理；不影响工程安全的冲刷坑，可不做处理。

河床淤积影响工程效益时，应及时采用人工开挖、机械疏浚或利用泄水结合机具松土冲淤等方法清除。

7.4.5 石工建筑物的养护修理

砌石护坡、护底遇有松动、塌陷、隆起、底部淘空、垫层散失等现象时，应按原状修复。

浆砌块石墙墙身渗漏严重的，可采用灌浆处理；墙身发生倾斜或滑动迹象时，可采用墙后减载或墙前加撑等方法处理；墙基出现冒水冒沙现象，应立即采用墙后降低地下水位和墙前增设反滤设施等办法处理。

水闸的防冲设施（防冲槽、海漫等）遭受冲刷破坏时，一般可加筑消能设施或抛石笼、柳石枕和抛石等办法处理。

水闸的反滤设施、减压井、导渗沟、排水设施等应保持畅通，如有堵塞、损坏，应予疏通、修复。

7.4.6 混凝土建筑物的养护修理

消力池、门槽范围内的沙石、杂物应定期处理。

建筑物上的进水孔、排水孔、通气孔等均应保持畅通。桥面排水孔的泄水应防止沿板和梁漫流。空箱式挡土墙箱内的积淤应适时清除。

经常露出水面的底部钢筋混凝土构件，应因地制宜地采取适当的保护措施，防止腐蚀和受冻。

钢筋的混凝土保护层受到侵蚀损坏时，应根据侵蚀情况分别采用涂料封闭、砂浆抹面或喷浆等措施进行处理，并应严格掌握修补质量。

混凝土结构脱壳、剥落和机械损坏时，可根据损坏情况，分别采用砂浆抹补、喷浆或喷混凝土等措施进行修补，并应严格掌握修补质量。

混凝土建筑物出现裂缝后，应加强检查观测，查明裂缝性质、成因及其危害程度，据以确定修补措施。混凝土的微细表面裂缝、浅层缝及缝宽小于表7.4所列裂缝宽度最大允许值时可不予处理或采用涂料封闭。缝宽大于规定时，则应分别采用表面涂抹、表面粘补、凿槽嵌补、喷浆或灌浆等措施进行修补。裂缝应在基本稳定后修补，并宜在低温季节开度较大时进行。不稳定裂缝应采用柔性材料修补。

混凝土结构的渗漏，应结合表面缺陷或裂缝进行处理，并应根据渗漏部位、渗漏量大小等情况，分别采用砂浆抹面或灌浆等措施。

伸缩缝填料如有流失，应及时填充。止水设施损坏，可用柔性化材料灌浆，或重新埋设止水予以修复。

表 7.4　钢筋混凝土结构最大裂缝宽度允许值　　　　单位：mm

区域 \ 部位	水上区	水位变动区		水下区
		寒冷地区	温和地区	
内河淡水区	0.20	0.15	0.25	0.30
沿海海水区	0.20	0.15	0.20	0.30

注　温和地区指最冷月平均气温在−3℃以上地区；寒冷地区指最冷月平均气温在−10～−3℃的地区。

7.4.7　闸门的养护修理

闸门表面附着的水生物、泥沙、污垢、杂物等应定期清除，闸门的连接紧固件应保持牢固。运转部位的加油设施应保持完好、畅通，并定期加油。

钢闸门防腐蚀可采用涂装涂料和喷涂金属等措施。实施前，应认真进行表面处理。表面处理等级标准应符合《海港工程钢结构防腐蚀技术规范》（JTS 153 - 3—2007）。不同防腐蚀措施对表面处理的最低等级要求应符合下列规定：

（1）涂装涂料应按《海港工程钢结构防腐蚀技术规范》中不同涂料表面处理的最低等级选定。

（2）喷涂金属等级应为 sa2 1/2。

钢闸门采用涂料做防腐蚀涂层时，应符合下列要求：

（1）涂料品种应根据钢闸门所处环境条件、保护周期等情况选用。

（2）面、（中）、底层必须配套性能良好。

（3）涂层干膜厚度：淡水环境不宜小于 $200\mu m$，海水环境不宜小于 $300\mu m$。

钢闸门采用喷涂金属做防腐涂层时，应符合下列要求：

（1）喷涂材料：淡水环境宜用锌，海水环境宜用铝或铝基合金，也可选用经过试验论证的其他材料。

（2）喷涂层厚度：淡水环境宜不小于 $200\mu m$，海水环境宜不小于 $250\mu m$。

（3）金属涂层表面必须涂装涂料封闭。封闭涂层的干膜厚度：淡水环境不应小于 $60\mu m$，海水环境不应小于 $90\mu m$。

钢闸门使用过程中，应对表面涂膜（包括金属涂层表面封闭涂层）进行定期检查，发现局部锈斑、针状锈迹时，应及时补涂涂料。当涂层普遍出现剥落、鼓泡、龟裂、明显粉化等老化现象时，应全部重做新的防腐涂层。

闸门橡皮止水装置应密封可靠，闭门状态时无翻滚、冒流现象。当门后无水时，应无明显的散射现象，每米长度的漏水量应不大于 0.2L/s。当止水橡皮出现磨损、变形或止水橡皮自然老化、失去弹性且漏水量超过规定时，应予更换。更换后的止水装置应达到原设计的止水要求。

钢门体的承载构件发生变形时，应核算其强度和稳定性，并及时矫形、补强或更换。钢门体的局部构件锈损严重的，应按锈损程度，在其相应部位加固或更换。

闸门行走支承装置的零部件出现下列情况时应更换，更换的零部件规格和安装质量应符合原设计要求：

（1）压合胶木滑道损伤或滑动面磨损严重。

（2）轴和轴套出现裂纹、压陷、变形、磨损严重。

（3）主轨道变形、断裂、磨损严重或瓷砖轨道掉块、裂缝、釉面剥落。

吊耳板、吊座、绳套出现变形、裂纹或锈损严重时应更换。

钢筋混凝土与钢丝网水泥闸门表面，应选用合适的涂料进行保护。钢丝网水泥面板损坏时，应及时修补。损坏部位网筋锈蚀严重的，应按设计要求修复。钢筋混凝土闸门表层损坏应按混凝土建筑物的养护修理有关规定进行修补。

寒冷地区的水闸，冰冻期间应因地制宜地对闸门采取有效的防冰冻措施。

7.4.8 启闭机的养护修理

防护罩、机体表面应保持清洁，除转动部位的工作面外，均应定期采用涂料保护；螺杆启闭机的螺杆有齿部位应经常清洗、抹油，有条件的可设置防尘装置。

启闭机的连接件应保持紧固，不得有松动现象。传动件的传动部位应加强润滑，润滑油的品种应按启闭机的说明书要求，并参照有关规定选用。油量要充足、油质须合格、注油应及时。在换注新油时，应先清洗加油设施，如油孔、抽道、油槽、油杯等。

闸门开度指示器应保持运转灵活，指示准确。

滑动轴承的轴瓦、轴颈出现划痕或拉毛时应修刮平滑。轴与轴瓦配合间隙超过规定时，应更换轴瓦。滚动轴承的滚子及其配件出现损伤、变形或磨损严重时，应更换。

制动装置应经常维护，适时调整，确保动作灵活、制动可靠。当进行维修时，应符合下列要求：

（1）闸瓦退距和电磁铁行程调整后，应符合《水工建筑物金属结构制造、安装及验收规范》（SLJ 201-80D）附录十三有关规定。

（2）制动轮出现裂纹、砂眼等缺陷，必须进行整修或更换。

（3）制动带磨损严重，应予更换。制动带的铆钉或螺钉断裂、脱落，应立即更换补齐。

（4）主弹簧变形，失去弹性时，应予更换。

钢丝绳应经常涂抹防水油脂，定期清洗保养。修理时应符合下列要求：

（1）钢丝绳每节距断丝根数超过《起重机械用钢丝绳检验和报废实用规范》（GB/T 5972—2006）的规定时，应更换。

（2）钢丝绳与闸门连接一端有断丝超标时，其断丝范围不超过预绕圈长度的1/2时，允许调头使用。

（3）更换钢丝绳时，缠绕在卷筒上的预绕圈数，应符合设计要求。无规定时，应大于5圈，如压板螺栓设在卷筒翼缘侧面又用鸡心铁挤压的，则应大于2.5圈。

（4）绳套内浇注块发现粉化、松动时，应立即重浇。

（5）更换的钢丝绳规格应符合设计要求，并应有出厂质保资料。

螺杆启闭机的螺杆发生弯曲变形影响使用时，应予矫正。螺杆启闭机的承重螺母，出现裂缝或螺纹齿宽磨损量超过设计值的20％时，应更换。

油压启闭机的养护应符合下列要求：

（1）供油管和排油管应保持色标清晰，敷设牢固。

（2）油缸支架应与基体连接牢固，活塞杆外露部位可设软防尘装置。

（3）调控装置及指示仪表应定期检验。

（4）工作油液应定期化验、过滤，油质和油箱内油量应符合规定。

（5）油泵、油管系统应无渗油现象。

油压启闭机的活塞环、油封出现断裂、失去弹性、变形或磨损严重者，应更换。

油缸内壁及活塞杆出现轻微锈蚀、划痕、毛刺，应修刮平滑磨光。油缸和活塞杆有单面压磨痕迹时，分析原因后，予以处理。

高压管路出现焊缝脱落、管壁裂纹，应及时修理或更换。修理前应先将管内油液排净后才能进行施焊。严禁在未拆卸管件的管路上补焊。管路需要更换时，应与原设计规格相一致。

储油箱焊缝漏油需要补焊时，可参照管路补焊的有关规定办理。补焊后应做注水渗漏试验，要求保持 12h 无渗漏现象。

油缸检修组装后，应按设计要求做耐压试验。如无规定，则按工作压力试压 10min，活塞沉降量不应大于 0.5mm，上、下端盖法兰不得漏油，缸壁不得有渗油现象。

管路上使用的闸阀、弯头、三通等零件壁身有裂纹、砂眼或漏油时，均应更换新件。更换前，应单独做耐压试验。试验压力为工作压力的 1.25 倍，保持 30min 无渗漏时，才能使用。当管路漏油缺陷排除后，应按设计规定做耐压试验。如无规定，试验压力为工作压力的 1.25 倍，保持 30min 无渗漏，才能投入运用。

油泵检修后，应将油泵溢流阀全部打开，连续空转不少于 30min，不得有异常现象。空转正常后，在监视压力表的同时，将溢流阀逐渐旋紧，使管路系统充油（充油时应排出空气）。管路充满油后，调整油泵溢流阀，使油泵在工作压力的 25%、50%、75%、100% 情况下分别连续运转 15min，应无振动、杂音和温升过高现象。空转试验完毕后，调整油泵溢流阀，使其压力达到工作压力的 1.1 倍时动作排油，此时也应无剧烈振动和杂音。

7.4.9　机电设备及防雷设施的维护

电动机的维护应遵守下列规定：

（1）电动机的外壳应保持无尘、无污、无锈。

（2）接线盒应防潮，压线螺栓如松动，应立即旋紧。

（3）轴承内的润滑脂应保持填满空腔内 1/3～1/2，油质合格。轴承如松动、磨损，应及时更换。

（4）绕组的绝缘电阻值应定期检测，小于 0.5MΩ 时，应干燥处理，如绝缘老化，可刷浸绝缘漆或更换绕组。

操作设备的维护应遵守下列规定：

（1）开关箱应经常打扫，保持箱内整洁；设置在露天的开关箱应防雨、防潮。

（2）各种开关、继电保护装置应保持干净，触点良好，接头牢固。

（3）主令控制及限位装置应保持定位准确可靠，触点无烧毛现象。

（4）熔丝必须按规定规格使用，严禁用其他金属丝代替。

输电线路的维护应遵守下列规定：

（1）各种电力线路、电缆线路、照明线路均应防止发生漏电、短路、断路、虚连等现象。

（2）线路接头应连接良好，并注意防止铜铝接头锈蚀。

（3）经常清除架空线路上的树障，保持线路畅通。

（4）定期测量导线绝缘电阻值，一次回路、二次回路及导线间的绝缘电阻值都不应小于 0.5MΩ。

指示仪表及避雷器等均应按供电部门有关规定定期校验。

线路、电动机、操作设备、电缆等维修后必须保持接线相序正确，接地可靠。

自备电源的柴（汽）油发电机应按有关规定定期维护、检修。与电网联网的应按供电部门规定要求执行。

建筑物的防雷设施应遵守下列规定：

（1）避雷针（线、带）及引下线如锈蚀量超过截面 30%时，应予更换。

（2）导电部件的焊接点或螺栓接头如脱焊、松动，应予补焊或旋紧。

（3）接地装置的接地电阻值应不大于 10Ω，如超过规定值 20%时，应增设补充接地极。

电气设备的防雷设施应按供电部门的有关规定进行定期校验。防雷设施的构架上，严禁架设低压线、广播线及通信线。

任务 7.5 水 闸 的 自 动 化 监 控

问题思考：1. 水闸自动化监控系统由哪些部分组成？

2. 自动化监控的原理是什么？

工作任务：掌握水闸自动化监控系统的工作原理以及各组成部分的功能。

考核要点：各个监控的作用；学习态度及团队协作能力。

7.5.1　水闸自动化监控系统

随着国民经济的发展与科学技术的进步，对水闸实行自动化监控是现代化水利工程管理科学化的必然趋势。水闸的自动化监控是建立在现代通信技术、自动化控制技术、计算机技术、自动控制设备及现代量测技术基础上的。被控制的闸门形式主要是平面闸门、弧形闸门与人字闸门，闸门的启闭机械有卷扬式启闭机、液压式启闭机与螺杆式启闭机。

水闸自动化监控系统作为我国水利信息化建设的基本内容，新建的水闸或现行闸门的除险加固工程一般都要求包括水闸自动化管理部分。随着信息技术的不断发展，水闸自动化监控也被注入新的内容，主要表现在采用 GPS/GIS/RS 技术，实现水利的"3S"化，从 C/S 体系转向 B/S 体系，实现多媒体化等。

7.5.2　自动化监控系统的构成与工作原理

水闸自动化监控系统主要由中心监控室与现场测控站组成，如图 7.1 所示。中心监控室也称测控调度中心，一般设在水闸管理处（所）内，由测控计算机、网络设备及其他计算机设备等组成；现场测控站是水闸（或闸群、多孔水闸）监控系统的主要信息源及命令执行者，其主要任务是根据中心监控室的遥测查询指令，自动采集本站点的水情或工情数据，并发送给控制中心，或根据控制中心调度指令控制闸门运行。现场测控站一般设在启闭机房内，由各类传感器、通信设备、主控设备（如 PLC、人机界面 HMI）、中间继电器、电机保护及配电设备等构成。

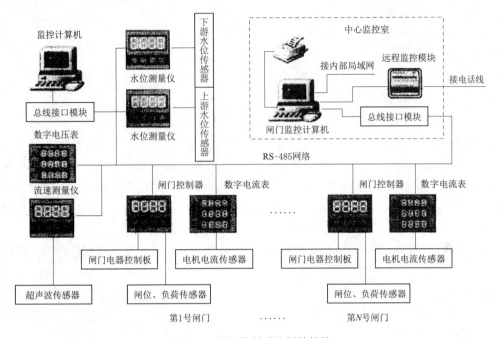

图 7.1　闸门控制系统硬件结构

从图 7.1 中还可看出，水闸自动化控制系统中水位、闸位、闸门启闭电流与电压以及荷重的监测大多采用各类传感器。传感器的作用与功能主要是：测量与数据的采集、检测与控制、诊断与监测以及辅助观测等，以满足信息的传输、处理、记录、显示和控制要求。

1. 现场水位监测系统简介

水闸的水位监测主要是将上、下游水位，通过传感器（压力式传感器或浮子码盘式传感计）将探出的现地水位变化物理量转换为电信号（压力传感器转换为 $4\sim20\text{mA}$，码盘传感计转换为格雷码串行脉冲信号）后，经传输线将水位信号送入水位测量仪进行电平隔离，A/D 转换，由微处理机进行数据处理后分别送至各显示器显示，并根据各预置数值输出控制信号，如图 7.2 所示。

由水位传感器探出的水闸上、下游水位的变化量由现地水位变送器将测出的水位模拟信号，经 A/D 转换器转换为数字信号后送入微处理器，经数据处理后输出的信号，可以在水位监测仪上直观地显示出水位数值，也可将信号输入到计算机内进行管理，对水位数据进行存储、查询、水位报表打印、人为设置水位报警信号等。

2. 现场闸门测控系统

现场闸门测控系统由闸位传感器，闸门启闭荷重传感器，电动机电流、电压传感器，三相数字电流表和闸门电器控制设备等部分组成。另有一台数字式电压表来测量三相供电电压。下面分别简要介绍闸位传感器，荷重传感器，电流、电压传感器与闸门电器控制设

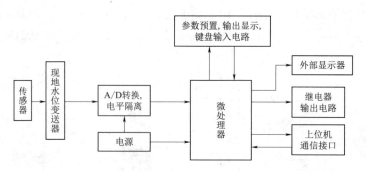

图 7.2　水位监测系统工作原理框图

备的作用及工作原理。

（1）闸位传感器。闸位传感器又称闸门开度传感器（其原理很大程度上与水位传感器相似）或闸位计，闸门开度传感器是将传感器接收到的闸门开、关行程信息，经放大处理后能使水闸管理人员通过显示屏，直观地观察到闸门的实时高度。闸门开度传感器可根据输出信号的类型不同，分为模拟式和数字式闸门开度传感器。

（2）闸门启闭荷重传感器。闸门启闭荷重传感器又称电阻应变式称重传感器，常用的有压阻式传感器与压电式传感器，如图 7.3 所示。

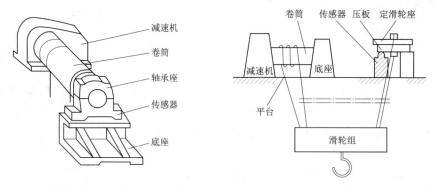

图 7.3　闸门启闭荷重传感器安装示意

（3）电动机电流、电压传感器。电动机电流、电压的测量是电量测量中最基本的参数之一，电参数的测量，由于显示环节不同，而分成模拟式和数字式两种方式。首先由电量传感器将被测电流与电压进行转换和处理，得到量程适当并与被测电路隔离的电流信号。水闸启闭电动机大多采用三相交流电，产生的是三相正弦交流信号。传感器采集到的信号，经 AC/DC 转换器转换成直流信号，再经 A/D 转换器转换成数字信号后直接显示。

（4）闸门电器控制设备。闸门电器控制设备分为一次设备和二次设备。一次设备是指生产和分配电能的设备，二次设备是指对一次设备进行测量、控制、监视和保护用的设备。常用的二次设备有互感器、测量仪表、继电保护及自动装置、直流设备等。

3. 计算机远程监控与视频系统

（1）计算机远程监控。现场配置一个总线接口模块和一台计算机，可实现计算机的远程监控。闸管所计算机监控系统由一台工控计算机（上位机）、一个总线接口模块、一个远程监控模块和一台打印机组成。它通过 RS-485 总线网络与现场数字设备进行数据通信，采集监测数据，发送控制指令。图 7.4 所示为水闸自动控制系统的原理和内部结构。

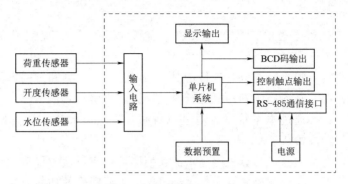

图 7.4 水闸自动控制系统原理

此外，计算机还可与内部局域网和 Internet 网连接，实现水闸的远程监控。水闸实施远程监控，它可以在闸门启闭过程中随时观察闸门运行的状况、水流的变化，以保障系统安全可靠运行。

（2）视频系统结构及其用途。

1）视频系统结构。整个视频监控系统的硬件结构如图 7.5 所示，它由现场和闸管处（所）中心监控室两大块构成。

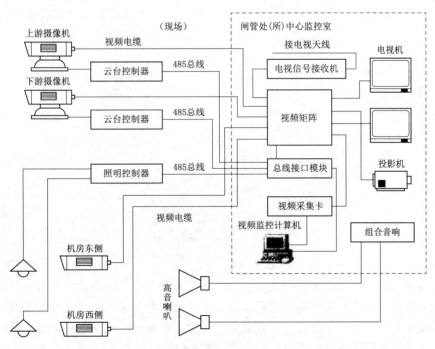

图 7.5 视频监控系统硬件结构

2）视频系统主要用途。

①闸门状态监视：监视闸门运行状态、门体止水、漏水情况，结构异常振动和闸门内

杂物堆积情况等。

②上、下游水面监视：监视上、下游水面上的公共设施、船只、漂浮物、水流和水位等情况。

③两岸观察：观察岸边的公共设施（如水位测量设备等）、堤坝情况、车辆以及行人等。

④水闸周围观察：观察闸上设备运行情况、照明、公共设施和过闸车辆与行人等。

⑤监视启闭机房：观察启闭卷扬机运行情况和启闭机房的其他情况。

⑥收看电视节目：通过本系统可收看电视新闻、天气预报和水文信息等，以利于了解、分析汛情，帮助决策。

⑦图像拍照：在视频监控计算机上显示的任何图像，都可通过单击"拍照"按钮，得到一幅静止图像，保存在计算机硬盘中。这种可保存重要图像的功能，为今后检查某些事件提供了方便。

4. 闸门启闭荷载监测

安装在启闭机转筒轴承支座一端的荷重传感器，在起吊闸门时，传感器受力，将测得的电压或电流信号，经双绞电缆线引至单片机测控调度中心系统，单片机系统对此信号经 A/D 转换和线性变化后，形成闸门荷重值。

然后，一方面把此值送入调度中心操作台上的面板进行集中显示，另一方面把此值与由面板上输入的荷重预报警和荷重超载值进行比较，当闸门大于或等于预报警时，荷重预报警灯亮，蜂鸣器响，及时告知操作人员此时闸门已经超负荷运行，需排除故障，如图7.6 所示。

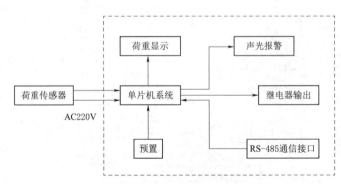

图 7.6　数字式闸门荷重测量原理框图

5. 闸门启闭电动机的电流、电压监测

闸门启闭电动机的工作电流与工作电压的数值大小，是反映电动机是否运行在正常范围内的重要依据。以往对运行电动机的电流、电压监测大多采用模拟式测量仪表，往往是将一个模拟量转换为另一个模拟量。其测量结果需要根据指针在刻度盘上所指示的位置来读出，因此模拟测量仪表又称指示仪表。在测量的过程中，采集、变换、传输、处理与输出的各种量均是模拟量。

目前在水闸自动化监控系统中，对电动机电流与电压的测量，通常是采用数字式测量仪表，数字式电流、电压仪表是基于 A/D 转换原理来完成测量任务的，其测量结果用数

126

字形式直接显示出来。数字式测量仪表的基本工作原理如图 7.7 所示。

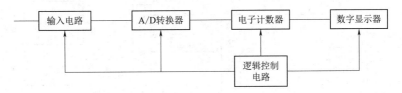

图 7.7　数字式测量仪表的基本原理框图

从图 7.7 中可以看出，数字式测重仪表主要包括输入电路、A/D 转换器、计数器、显示器和逻辑控制电路等部件。输入电路把被测量对象变换成时间（频率）、电流或电压；A/D 转换器将变换后的时间（频率）、电流或电压转换成数字量；计数器对数字量进行计数，并将计数结果送往显示器进行数字显示；逻辑控制电路完成整机的控制，使各部件协调工作，并自动进行重复测量。

现行采用的数字式电流、电压仪表是自动化控制的基础。它很容易与计算机结合，不但操作简便，而且测量速度快。

6. 其他监测设施

其他监测主要有水闸测压管水位监测、雨量监测与水质监测。水闸测压管水位监测是通过观察测压管内水位的变化来了解水闸基础扬压力的变化情况，据以判断水闸基础是否存在稳定方面的问题，同时可以校验水闸防渗设施的状况。

（1）水闸测压系统。水闸测压系统由预埋在闸墩、岸墙、翼墙及铺盖里的测压管、液位压力变送器、管口护罩、信号传输电缆、接口装置、计算机及系统软件等组成。

在各个测压管中，安装投入式液位传感器，如振弦式孔隙水压力计（图 7.8）。当外界水位发生变化时，水压力作用在液位传感器探头上，引起传感器探头内压力敏感元件上的电桥输出电压产生变化，该变化量经信号处理后，将压力的变化量转换成标准电流信号 4～20mA，该电流信号的变化正比于水位的变化。测出的电流信号经信号电缆传输给接口装置进行调理，最后送入计算机管理。

图 7.8　振弦式孔隙水压力计

计算机可以保存检测到的数据，并进行数据处理、编辑、存储、打印、显示测压管水位值、数据查询，生成测压管内水位变化过程线，用于对水闸渗水进行安全数据分析，发现问题及时处理，如图 7.9 所示。

测压系统功能包括：资料查询、水位测量、水位变化过程线绘制、参数设置等。

（2）雨量的自动化监测。我国以往传统的报汛手段是采用人工在漏斗式雨量计上采集降雨量参数，然后将采集到的参数通过电报或电话等形式传递出去。雨量的自动化监测是利用高科技手段将降雨量的数据信息经过自动测报系统，进行遥测、通信、计算机管理，完成对降雨量数据的采集、传输、存储、查询、统计与打印等项工作，并在无人值守的情

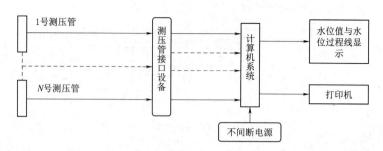

图 7.9 水闸测压系统原理框图

况下快速准确地掌握所需区域的雨情水文资料，快速传递至决策机构，进行洪水预报和优化调度，最大限度地减少洪涝灾害造成的损失。

（3）水质监测。水是人类生存的重要组成部分，是生活和生产必不可少的重要资源。现在大部分水闸都在承担双重任务，一是防汛期间拒江水倒灌；二是枯水期引江水抗旱。所以说，对水质的要求显得非常重要，水质监测的项目比较多，包括酸碱度（pH 值）、浊度、溶解氧、有毒害化合物、有毒害金属离子、有机物、硝酸盐、农药等 40 余种。除少数通过采样—保存—实验室测量的工艺过程取得结论外，大部分都可以用传感器来实现水质的自动化监测（图 7.10）。

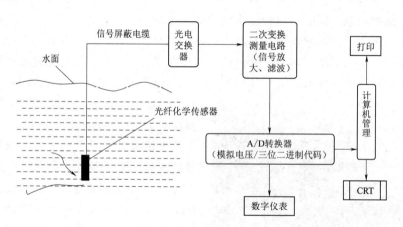

图 7.10 水质监测原理框图

任务7.6 水闸的防汛抢险

问题思考： 1. 水闸可能出险的原因有哪些？
2. 水闸险情探查有哪些内容？
3. 水闸险情探查有哪些方法？

工作任务： 掌握出险的原因和探查内容，重点掌握抢险的方法。

考核要点： 水闸可能出现的险情；如何探查险情；如何应对险情；学习态度及团队协作能力。

7.6.1 险情类型

水闸出险原因主要有：不均匀沉陷；渗径长度不够；水流淘刷；洪水超过设计水位；管理养护不善。

水闸险情类型主要有土石接合部渗水、闸身滑动、翼墙倾倒、闸下游消力池、海漫处渗水、闸后脱坡、涵闸底板或侧墙裂缝、闸门启闭失灵和闸门漏水等。

（1）土石接合部渗水。堤防上的涵闸与土壤接合部位，如岸墙、翼墙、涵洞与土接合部，由于土体回填不实、止水失效、动物打洞或雨水冲刷造成缝隙，从而发生渗漏险情。

（2）闸身滑动。由于超标准挡水使渗压水头过大，建筑物设计、施工质量差不能满足抗滑稳定要求，闸身发生严重位移、变形，此类险情一般比较严重。

（3）翼墙倾倒。涵闸上下游翼墙、护坡等建筑物迎水面及底脚，因急流冲刷，特别是在高水位时，受水流顶冲淘刷与水中漂浮物冲击而引起的倾斜或倒塌的险情。

（4）闸下游消力池、海漫处渗水。由于基础施工质量不好，止水设施破坏，反滤设施不能满足要求等原因，在闸下游消力池、海漫或其他部位会出现渗水，甚至管涌现象。

（5）闸后脱坡。闸后脱坡与堤防、坝垛脱坡类似。

（6）涵闸底板或侧墙裂缝。因基础处理不好，承载力不足，基础不均匀沉陷，使涵闸蛰裂，多在底板或翼墙等处发生裂缝。

（7）闸门启闭失灵。由于启闭机损坏、闸门扭曲变形等原因造成闸门启闭失灵的险情。

（8）闸门漏水。闸门构造不严或有损坏，止水设施损毁或门顶封闭不严等，均会造成闸门漏水。

（9）虹吸及穿堤管道工程险情。虹吸及穿堤管道工程险情主要是由于管道破坏、管路短导致渗径不足、管壁与土石接合不好等原因，在背河堤坡或静水池发生漏水、渗水。

7.6.2 险情探查内容

按照"以防为主、防重于抢"的方针，平时对水闸进行经常和定期的检查、观测、养护修理和除险加固，消除隐患和各种缺陷损坏。及时查险、报险是消除安全度汛隐患的有效手段，其目的就是发现和解决安全度汛方面存在的薄弱环节，为汛期安全度汛创造条件。汛前对涵闸工程应进行全面检查，汛期更要加强巡闸查险工作。巡查要做到两个结合，即"徒步拉网式"的工程普查与对涵闸水毁工程修复情况的重点巡查相结合；定时检查与不定时巡查相结合。

水闸检查的主要内容包括以下七方面：

1. 水力条件检查

水闸的运用主要是上下游水位的组合，要对照设计检查上下游河道水流形态有无变化，河床有无淤积和冲刷，控制调节水位和流量的设计条件有无变化。检查闸门开启程序是否符合下游充水抬升的条件和稳定水流的间隙时间要求，要按照水闸下游尾水位变化的要求，检查闸门同步开启或间隔开启后下游水流状态是否满足要求，有无水闸启闭控制程序。

2. 闸身稳定检查

水闸受水平和垂直外力作用产生变形，应检查闸室的抗滑稳定。检查闸基渗透压力和绕岸渗流是否符合设计规定。为消减渗透压力设置的铺盖、止水、截渗墙、排水等设施是否失效；两岸绕渗薄弱部位有无渗透变形；闸基有无冲蚀、管涌等破坏现象。

3. 消能设施检查

水闸下游易发生冲刷，要根据过闸水流流态观测记录，对照检查水闸消能设施有无破坏，消能是否正常。检查下游护坦、防冲槽有无冲失，过闸水流是否均匀扩散，下游河道岸坡和河床有无冲刷。

4. 建筑物检查

对土工部分，包括附近堤防、河岸、翼墙和挡土墙后的填土、路堤等，检查有无雨淋沟、浪窝、塌陷、滑坡、兽洞、蚁穴以及人为破坏等现象；对石工部分，包括岸墙、翼墙、挡土墙、闸墩、护坡等，检查石料有无风化，浆砌石有无裂缝、脱落，有无异常渗水现象，排水设施是否失效，伸缩缝是否正常，上下游石护坡是否松动、坍塌、淘空等；水闸多为混凝土或钢筋混凝土建筑，在运行中容易产生结构破坏和材料强度降低等问题，应检查混凝土表面有无磨损、剥落、冻蚀、碳化、裂缝、渗漏、钢筋锈蚀等现象，建筑物有无不均匀沉陷，伸缩缝有无异常变化，止水缝填料有无流失，支承部位有无裂缝，交通桥和工作桥桥梁有无损坏现象等。

5. 闸门检查

闸门的面板（包括混凝上面板）有无锈穿、焊缝开裂现象，格梁有无锈蚀、变形，支承滑道部位的端柱是否平顺，侧轮、端轮和弹性固定装置是否转动灵活，止水装置是否吻合，移动部件和埋设部件间隙是否合格，有无漏水现象；对支铰部位，包括牛腿、铰座、埋设构件等，检查支臂是否完好，螺栓、铆钉、焊缝有无松动，墩座混凝土有无裂缝；对起吊装置，检查钢丝绳有无锈蚀、脱油、断丝，螺杆、连杆有无松动、变形，吊点是否牢固，锁定装置是否正常。

6. 启闭机械检查

水闸所用启闭设备，多是卷扬式起重机或螺旋式起重机，其特点是速度慢，起重能力大，主要检查内容有：闸门运行极端位置的切换开关是否正常，启闭机起吊高度指示器指示位置是否正确，启闭机减速装置各部位轴承、轴套有无磨损和异常声响；当荷载超过设计起重容量时，切断保安设备是否可靠，继电器是否工作正常，所有机械零件的运转表面和齿轮咬合应保持润滑，润滑油盒料是否充满；移动启闭机的导轨、固定装置是否正常，挂钩和操作装置是否灵活可靠；螺杆启闭机的底脚螺栓是否牢固。

7. 动力检查

电动机出力是否符合最大安全牵引力要求；备用电源并入的切断是否正常，有无备用电源投入使用的操作制度；电动和人力两用启闭机有无汛期人力配备计划，使用人力时有无切断电源的保护装置；检查配电柜的仪表是否正常，避雷设备是否正常。

进行以上工作的同时做到三加强三统一，即加强责任心，统一领导，任务落实到人；加强技术指导，统一填写检查记录的格式，如记录出现险情的时间、地点、类别，绘制草图，同时记录水位和天气情况等有关资料，必要时应进行测图、摄影和录像，甚至立即采取应急措施，并同时报上一级防汛指挥部；加强抢险意识，做到眼勤、手勤、耳勤、脚勤，做到发现险情快、抢护处理快、险情报告快，统一巡查范围、内容和报警方法。一定要通过实地调查，把险情征象、性质鉴别清楚，不可把险情任意夸大或缩小，更不能把险情性质弄错，或鉴别不明确，出现"渗漏"等不明确的判别结果，以免引起慌乱或造成决策失误。

7.6.3 险情探查方法

涵闸或穿堤建筑物的混凝土或砌体与土接合部或者穿堤管道与土接合处发生严重漏水或管涌时，要尽速查明进水口的位置。其探测方法一般有：

（1）水面观察法。观察临河水面出现漩涡或翻水花的部位。

（2）潜水探摸法。由潜水员潜入水下探摸漏洞进口的位置。此时，要预先关闭闸门，切忌在高速水流中潜水作业，以确保潜水人员的安全。

（3）锥探法。从背河出水口沿建筑物与土接合部向临河进行锥探以探查漏水通道的走向、位置。

1. 渗漏险情检测

（1）外部观察。对闸室或涵洞内，详细检查止水、沉陷缝有无渗水、冒沙等现象，并对出现集中渗漏的部位如岸墙，护坡与土堤接合部，闸下游渗流出逸处有无冒水、冒沙情况。

▶7.6.3−1

（2）渗压管检测。洪水期要密切监测渗压管水位，分析闸上下游水位与各渗压管、渗压管与渗压管间的水位变化规律是否正常。如发现异常现象，水位明显降低的渗压管周围可能有短路通道，出现集中渗漏。应针对该部位检查止水设施是否断裂失效，并查明渗流短路通道。

2. 冲刷险情的探查

（1）外观检查。观察闸上下游水流状态有无明显的回流、折冲水流等异常现象；观察上下游裹头、护坡、岸墙及海漫有无蛰陷、滑脱，与土堤接合面有无开裂等。

▶7.6.3−2

（2）测深检查。按照预先布置好的平面网格坐标，在船上用探水杆或用尼龙绳拴铅鱼（球）探测基础面的深度，对比原来工程的高程，确定冲刷坑的范围、深度，计算冲刷坑的容积。同时，对可能发生的滑动、裂缝、前倾或后仰等做出分析。

（3）测深仪探测。用超声波测深仪对水下冲刷坑进行探测，绘制冲刷坑水下地形图，与原工程基础高程相对比，找出冲刷坑的深度、范围并确定冲失体积。

3. 滑动险情的监测

涵闸滑动险情的监测主要依据变位观测，分析工程各部位在外荷载作用下的变位规律和发展趋势，从而判断有无滑动、倾覆等险情出现。涵闸变位观测是在工程主体部位安设固定标点，观测其垂直和水平方向的变位值。在洪水期间要加密观测次数，将观测结果及时整理分析，判断工程稳定状态是否正常。变位观测的具体施测方法和精度要求以及成果整编办法，按《水工建筑物观测工作手册》规定进行。

▶7.6.3−3

7.6.4 查险制度

防汛责任堤段内承担防汛指挥的各级干部、基干队员、工程管护人员，都要根据水情、工情和上堤人数进行轮流值班，坚守岗位，认真进行巡堤查险并做好巡查记录。

1. 巡查制度

江河流域各级防汛部门要对上堤人员明确责任，介绍本堤段历史情况和注意重点，并制定巡堤查险细则、办法，经常检查指导工作。巡查人员必须听从指挥，坚守阵地，严格按照巡查办法及注意事项进行巡查。发现险情及时报告。

2. 交接班制度

巡视检查必须进行昼夜轮班，并实行严格交接班制度，上下班要紧密衔接。接班人要提前上班，与交班人共同巡查一遍。上一班必须在巡查的堤线上就地向下一班全面交代本班巡查情况（包括工情、险情、水情、河势、工具料物和需要注意的事项等）。对尚未查清的可疑险情，要共同巡查一次，详细介绍其发生、发展变化情况。相邻队（组）应商定碰头时间，碰头时要互通情报。

3. 值班制度

凡负责带领防守的各级负责人，以及带领防守的干部必须轮流值班、坚守岗位，掌握换班和巡查组次出发的时间，了解巡查情况，做好巡查记录，向上级汇报及指挥抢护险情等。

4. 汇报制度

交班时，班（组）长向带领防守的值班干部汇报巡查情况，值班干部要按规定的汇报制度向上级汇报。平时一日一报巡查情况，发现险情迅速上报并进行处理。

5. 请假制度

加强对巡查人员的纪律教育，休息时就地或在指定地点休息，严格请假制度，不经批准不得随意下堤。

6. 奖惩制度

要加强政治思想工作，工作结束时进行检查评比。对工作认真、完成任务好的表扬，做出显著贡献的给予奖励；对不负责任的要批评教育，对玩忽职守造成损失的要追究责任；情节、后果严重的要依据法律追究刑事责任，严肃处理。

7.6.5 主要抢险方法

（1）与土堤接合部渗水及漏洞：渗漏抢险原则是临河隔渗背河导渗，漏洞抢护原则是临水侧堵塞漏洞进水口。

1）堵塞漏洞进口：涵洞式水闸闸前临水堤坡上漏洞一般采用篷布覆盖；当漏洞尺寸不大，且水深在 2.5m 以内时，宜采用草捆或棉絮堵塞；当漏洞口不大，水深在 2m 以内，可用草泥网袋堵塞。

◉7.6.5-1

2）背河导渗反滤：根据料物情况可采用砂石反滤、土工织物滤层、柴草反滤。

3）中堵截渗：通常有开膛堵漏、喷浆截渗、灌浆阻渗等几种方式。

（2）涵闸滑动：抢险原则是增加摩阻力、减小滑动力。

1）加载增加摩阻力：适用于平面缓慢滑动险情的抢险，在闸墩等部位堆放块石、土袋或钢铁等重物，注意加载不得超过地基许可应力和加载部件允许承载限度。

◉7.6.5-2

2）下游堆重阻滑：适用于圆弧滑动和混合滑动两种险情抢护，在可能出现的滑动面下端，堆放土袋、块石等重物。

3）下游蓄水平压：在水闸下游一定范围内用土袋或土筑成围堤，充分壅高水位，减小水头差。

4）圈堤围堵：一般适用于闸前较宽滩地的情况，圈堤修筑高度通常与闸两侧堤防高度相同，圈堤临河侧可堆筑土袋，背水侧填筑土戗，或两侧堆土袋中间填土夯实。

（3）闸顶漫溢：涵洞式水闸埋设于堤内，防漫溢措施与堤防的防漫溢措施基本相同，对开敞式水闸防漫溢措施主要有以下几方面：

▶7.6.5-3

1）无胸墙开敞式水闸：当闸孔跨度不大时，可焊一个平面钢架，钢架网格不大于0.3m×0.3m，将钢架吊入闸门槽内，放置于关闭的闸门顶上，然后在钢架前部的闸门顶部分层叠放土袋，迎水面放置土工膜布或篷布挡水。

2）有胸墙开敞式水闸：利用闸前工作桥在胸墙顶部堆放土袋，迎水面压放土工膜或篷布挡水。

（4）闸基渗水或管涌：抢险原则是上游截渗、下游导渗和蓄水平压减小水位差。

▶7.6.5-4

1）闸上游落淤阻渗：先关闭闸门，在渗漏进口处用船载黏土袋，由潜水员下水填堵进口，再加抛散黏土落淤封闭，或利用洪水挟带的泥沙，在闸前落淤阻渗。

2）闸下游管涌或冒水冒沙区修筑反滤围井：详见堤防管涌抢险中的反滤围井法。

3）下游围堤蓄水平压：同堤防管涌抢险中的背水月堤法。

4）闸下游滤水导渗：当闸下游冒水冒沙面积较大或管涌时采用。

（5）建筑物下游连接处坍塌：抢护原则是填塘固基。

1）抛设块石或混凝土块：护坡及翼墙基脚受到淘刷时，向冲刷坑内抛块石或混凝土块，抛石体可高出基面。

2）抛笼石或土袋：将铅丝笼石抛入冲刷坑，缺乏石块时可用土袋代替。

3）抛柳石枕：用柳石枕抛入冲刷坑填实。

（6）建筑物上下游连接处坍塌抢险。闸前受大溜顶冲、风浪淘刷；闸下游泄流不均，出现折冲水流，使消能工、岸墙、护坡、海漫及防冲槽等受到严重冲刷，使砌体冲失、蛰裂、坍陷形成淘刷坑。

抢护原则是填塘固基。采用抛投块石或混凝土块、抛石笼、土袋、柳石枕等方法进行抢护。

（7）建筑物裂缝及止水破坏。对建筑物裂缝、止水破坏可能危及工程安全时，可用各种浆体堵漏，主要有防水速凝砂浆、环氧砂浆、丙凝水泥浆堵漏等。

（8）闸门失控。由于某种原因，闸门难以关闭挡水，若无检修门槽，可焊制框架，吊放在墩前，然后在框架前抛投土袋，直至高出水面。并在土袋前抛土使其闭气。

（9）闸门漏水。闸门止水安装不善或久用失效，造成严重漏水，给闸下游带来危害。在关门挡水条件下，从闸下游接近闸门，用沥青麻丝、棉絮等填塞缝隙，并用木楔挤紧。

任务 7.7　水 闸 的 档 案 管 理

问题思考：1. 水闸档案如何分类？

　　　　　2. 水闸工程建设档案如何分类？

　　　　　3. 水闸工程管理档案包括哪些内容？

工作任务：掌握水闸档案的类型和重要性。

考核要点：水闸档案的内容和分类；学习态度及团队协作能力。

　　水闸档案是指水闸工程规划设计、建设实施、竣工验收和运行管理等各个阶段形成的对国家和社会具有保存价值的以文字、图纸、图表、声像等各种载体形式记录的文件材料。

7.7.1　工程建设档案的管理

　　一套完整的工程建设档案资料包括：工程项目建议书、可行性研究报告、初步设计报批文件、施工图设计及工程招标文件；设备、仪器和建筑材料采购和报验文件；工程质量检测、评定和验收文件；征地、拆迁和移民安置等相关文件及财务管理文件等。

　　(1) 项目建议书和可行性研究报告是分析论证工程项目建设的必要性、技术上的可行性和经济上的合理性的重要文件。工程运行管理工作人员应对经济合理性分析部分进行认真学习和研究，全面了解工程设计人员和上级主管部门对工程经济效益和社会效益的分析，并在此基础上结合工程实际研究如何最大限度地发挥工程的经济效益和社会效益。

　　(2) 工程初步设计、施工图设计及工程招标文件明确了工程的各项重要技术指标，这些指标既是工程施工过程中衡量工程质量是否符合要求的基本依据，也是指导工程运行管理的重要依据。在工程交付使用前，工程设计单位应会同工程运行管理单位，根据水闸设计流量、上下游设计水位等指标，结合上下游防冲消能设计情况，制定水闸控制运用方案；工程交付使用后，工程运行管理单位应会同设计单位制定闸门启闭的操作规程。为了避免发生工程事故，工程运行管理人员应严格按照水闸控制运用方案和闸门启闭的操作规程进行管理。

　　(3) 设备、仪器和建筑材料采购和报验文件记载着设备、仪器和建筑材料的质量技术指标，同时还明确了设备、仪器的安装技术要求。水闸通过一段时期的运行，闸门的主滚轮、侧滚轮，启闭机的制动系统、钢丝绳等需要定期更换；土建结构到设计寿命以后也需要进行加固，如进行闸墩混凝土碳化处理等。这些工作都离不开工程建设时期提供的设备、仪器和建筑材料采购和报验文件。

　　(4) 工程质量检测、评定资料是衡量工程施工质量是否符合设计和规范要求的根本依据，是工程验收的基础性文件。水闸各建筑结构的沉降观测数据和扬压力观测数据也是分析工程能否正常运行的重要基础资料。因此，施工单位在施工过程中应按照设计和规范要求定期进行观测，工程交付使用后，工程运行管理单位应继续定期进行观测，一旦发现异常，应及时向主管部门报告，并会同原设计单位进行分析，查明原因，提出处理方案，以防发生事故。

（5）工程验收资料包括：工程阶段验收、专项验收、竣工验收时各建设、设计、施工、监理单位提交的工程建设管理工作报告，运行管理单位提交的工程运行管理工作报告，检测单位提交的工程质量检测报告，质量监督机构出具的质量评价意见或质量评定报告，以及行政主管部门出具的验收鉴定书等。这些文件概括地记载了工程建设的全过程，对工程质量、安全、进度、投资控制情况做出了明确的结论意见，对存在的问题提出了处理意见。这些文件为工程日后的运行管理和加固改造提供了重要的参考依据。

（6）征地、拆迁和移民安置工作是工程建设基础性工作，政策性特别强，如果处理得不好，不仅工程建设无法正常进行，还会引起社会的不稳定。因此，必须认真执行征地、拆迁和移民安置的政策性文件，对征地、拆迁和移民安置的内容和过程必须有详细的记录。同时，征地工作完成后应及时进行确权划界，管理单位根据土地的权属关系进行后续发展规划。

7.7.2 工程管理档案的管理

水闸工程运行管理单位在工程运行管理过程中同样要建立一套完整的工程管理档案，其中包括：有管辖权的防汛防旱指挥部批准的水闸控制运用原则；当水闸需要超标准运行时，通过分析论证和复核，报上级主管部门批准的运行方案；水闸经常检查、汛前检查、汛后检查和安全鉴定的相关记录和结论意见，以及工程运行观测、维修保养、更新改造和拆除重建的记录等。

参 考 文 献

［1］ SL 265—2016 水闸设计规范［S］. 北京：中国水利水电出版社，2016.

［2］ SL 252—2017 水利水电工程等级划分及设计标准［S］. 北京：中国水利水电出版社，2017.

［3］ DL 5077—1997 水工建筑物荷载设计规范［S］. 北京：中国电力出版社，1998.

［4］ SL 191—2008 水工混凝土结构设计规范［S］. 北京：中国水利水电出版社，2008.

［5］ DL/T 5169—2013 水工混凝土钢筋施工规范［S］. 北京：中国电力出版社，2013.

［6］ SL 26—2012 水利水电工程技术术语［S］. 北京：中国水利水电出版社，2012.

［7］ SL 303—2017 水利水电施工组织设计规范［S］. 北京：中国水利水电出版社，2017.

［8］ SL 378—2007 水工建筑物地下开挖工程施工规范［S］. 北京：中国水利水电出版社，2007.

［9］ SL 223—2008 水利水电建设工程验收规程［S］. 北京：中国水利水电出版社，2008.

［10］ DL/T 5235—2014 水工混凝土模板施工规范［S］. 北京：中国电力出版社，2014.

［11］ DL/T 5087—1999 水利水电工程围堰设计导则［S］. 北京：中国电力出版社，1999.

［12］ DL/T 5114—2000 水电水利工程施工导流设计导则［S］. 北京：中国电力出版社，2001.

［13］ DL/T 5144—2015 水工混凝土施工规范［S］. 北京：中国电力出版社，2015.

［14］ 钟汉华. 水利水电工程施工技术［M］. 北京：中国水利水电出版社，2004.

［15］ 袁光裕. 水利工程施工［M］. 北京：中国水利水电出版社，2003.

［16］ 刘祥柱. 水利水电工程施工［M］. 郑州：黄河水利出版社，2009.

［17］ 张玉福. 水利施工组织与管理［M］. 郑州：黄河水利出版社，2009.

［18］ 周克已. 水利工程施工［M］. 北京：中央广播电视大学出版社，2004.

［19］ 俞振凯. 水利水电工程管理与实务［M］. 北京：中国水利水电出版社，2004.

［20］ 魏璇. 水利水电工程施工组织设计指南（上）［M］. 北京：中国水利水电出版社，1999.

［21］ 魏璇. 水利水电工程施工组织设计指南（下）［M］. 北京：中国水利水电出版社，1999.

［22］ 钟汉华. 水利水电工程施工组织与管理［M］. 北京：中国水利水电出版社，2005.

［23］ 薛振清. 水利工程项目施工组织与管理［M］. 徐州：中国矿业大学出版社，2008.

［24］ 张四维. 水利工程施工［M］. 北京：中国水利水电出版社，1996.

［25］ 余恒睦. 施工机械与施工机械化［M］. 北京：水利电力出版社，1987.

［26］ 孙明权. 水工建筑物［M］. 北京：中央广播电视大学出版社，2001.

［27］ 陈宝华，张世儒. 水闸［M］. 北京：中国水利水电出版社，2003.

［28］ 张光斗，王光纶. 水工建筑物［M］. 北京：中国水利水电出版社，1994.

［29］ 苗兴皓. 水利工程施工技术［M］. 北京：中国水利水电出版社，2008.

［30］ 章仲虎. 水利工程施工［M］. 北京：中国水利水电出版社，2009.

［31］ 宋春发，费成效. 水闸设计与施工［M］. 北京：中国水利水电出版社，2010.

［32］ 仇力. 水闸运行与管理［M］. 南京：河海大学出版社，2006.

［33］ 田明武，李咏梅. 水闸设计与施工［M］. 郑州：黄河水利出版社，2014.

［34］ 丁秀英，张梦宇. 水闸设计与施工［M］. 北京：中国水利水电出版社，2011.